博碩文化

無痛上手

量化合約
程式交易

Python×Pandas×TA-Lib
從零打造專屬量化合約機器人

張嘉慶 著

使用
Python 3.10 &
Pandas &
TA-Lib
開發

懂得利用TA-Lib，股市、期貨、外匯、合約難度低
沒有適不適合的量化腳本，實現想法而打造的工具最適合

Python基本功能 ｜ 認識幣安交易網 ｜ Pandas基礎知識 ｜ TA-Lib完整介紹 ｜

Python + Pandas + TA-Lib + 幣安合約API＝回測系統 ｜ 幣安測試平台＝外匯模擬倉 ｜

無痛上手量化合約程式交易

Python × Pandas × TA-Lib

從零打造專屬量化合約機器人

作　　者：張嘉慶
責任編輯：曾婉玲

董 事 長：陳來勝
總 編 輯：陳錦輝

出　　版：博碩文化股份有限公司
地　　址：221 新北市汐止區新台五路一段 112 號 10 樓 A 棟
　　　　　電話 (02) 2696-2869　傳真 (02) 2696-2867

郵撥帳號：17484299　戶名：博碩文化股份有限公司
博碩網站：http://www.drmaster.com.tw
讀者服務信箱：dr26962869@gmail.com
讀者服務專線：(02) 2696-2869 分機 238、519
（週一至週五 09:30 ～ 12:00；13:30 ～ 17:00）

版　　次：2023 年 3 月初版

建議零售價：新台幣 660 元
Ｉ Ｓ Ｂ Ｎ：978-626-333-354-3（平裝）
律師顧問：鳴權法律事務所 陳曉鳴 律師

本書如有破損或裝訂錯誤，請寄回本公司更換

國家圖書館出版品預行編目資料

無痛上手量化合約程式交易：PythonXPandasXTA-Lib
從零打造專屬量化合約機器人 / 張嘉慶著 . -- 初版 . --
新北市：博碩文化股份有限公司, 2023.03
　　面；　公分

ISBN 978-626-333-354-3(平裝)

1.CST: 機器人 2.CST: 電腦程式設計 3.CST:
Python(電腦程式語言)

312.2　　　　　　　　　　　　　　111020987

Printed in Taiwan

歡迎團體訂購，另有優惠，請洽服務專線
博碩粉絲團　(02) 2696-2869 分機 238、519

序／言

能交給電腦做的事為何要讓人腦來做

筆者是個遊戲愛好者，剛踏入職場完成第一個遊戲時，內心的激動筆墨難書，因為當時年代的問題，沒有自動化測試的場景，所以為了測出遊戲的 BUG，測試人員要進行數十、上百次的測試，開發人員也是如此，但人力有時盡，總是會有疏失的時候，現在想想如果當時有自動化測試的工具，是否就交給電腦來進行就好了，畢竟電腦只會一直執行而不會疲倦。

現今社會由於「人工智慧」的發展，更是逐漸朝自動機器化的經營發展，工廠生產自動化、旅館管理自動化，大大降低了人力成本，而幾年前馬雲在杭州開創了新經營模式「無人商店」後，無人咖啡廳也出現了，未來還會有什麼無人ＸＸ出現，也請各位拭目以待。

早期常看到老一輩（好像鄙人也沒多年輕了）的投資者，在交易所裡一待一個上午，到底下沒下單不得而知，慢慢的股票機出現了，浸在交易所的人變少了，再慢慢的出現了量化工具，隨時分析行情，提供買進、賣出訊號，按訊號入出場就好了，而再來的發展呢？

我一直秉持著「電腦能做的事就交給電腦做」，盯盤是件枯燥無味的事，或許有人能盯著螢幕玩 12 小時的遊戲，但能盯著 K 線 12 小時去預測趨勢的人又有多少？我試了幾天，除了眼花撩亂之外，好像沒得到什麼；都說電腦過於冰冷，但電腦卻是最好的執行者，按照指標數據到點進場、到點出場，想多賺幾點？沒得商量，恰恰是這樣的冰冷指令可以摒除人性貪婪的影響，因為往往到點盈利了，想再多賺一點，而多賺一點又可能變成多賠一點。

這本書並不是在講自動量化合約有多好，而是現代人過於忙碌而無法兼顧交易，能夠自己完成自己理想的指標判斷交易，交給電腦 24 小時執行，不但省時省力，又能稍微有點盈利，不是皆大歡喜，希望本書能給想進入合約量化領域的人有所幫助。

張嘉慶 謹識

寫在／前頭

筆者完成稿件的時間在 2022/10 月底，完成校稿時間則為 2022/11/16，或許有些讀者在這段時間內已經收到 2022/11/11 的幣圈震撼彈：「第二大交易所 FTX 申請破產重組」，這是 2022 年初以來的第二個震撼彈了，第一個為 LUNA 事件，其在 6 月底短短三天時間暴跌 99.9%，也導致主流貨幣 BTC／ETH 猛跌；在這個大跌波動期間，筆者的合約程式反而大賺，最高為一筆交易（買＋賣）為 3,200 左右的盈利，主要還是二個原因：

❏ 倉位管理夠小，大波動時的價位耐受度高。

❏ 主流貨幣的接受度仍舊存在，不可能歸於 0，一旦為 0，則表示虛擬貨幣永久退出視野。

2022/11/11 日第二大交易所申請破產重組，此次讓 ETH 從 1,600~1,700 下殺到 1,100 左右，看起來沒有 LUNA 事件跌得狠（最低到 800 左右），筆者的合約腳本還是正常執行，此次事件發生前，回測獲利為 47,000 左右，事件後反而來到 54,000 左右，有興趣的讀者可以試看看，這證明了什麼？好的倉位管理很重要，只要不爆倉，危機就是轉機。

虛擬貨幣的出現改變了資金的流通方式，有無詬病，絕對有，但不可避免的是其已成為大部分人生活交易的一部分，部分國家大力封殺，但相對支持的國家也不少，台灣是幸運的，畢竟交由投資者自己決定。

二次的大事件對筆者來說，個人認為是好的，把幣圈中不好的因子先排除掉，主流貨幣才能有下一波的漲潮，當然，最後還是要不可免俗的再說一次：

「投資有風險，入場要謹慎！」

希望所有參與幣圈投資的人認準投資標的，都能有所得。

目／錄

01 合約基本概念

CHAPTER

02 環境架設

CHAPTER

03 Python 基礎語法

CHAPTER

04 Pandas 模組應用介紹

CHAPTER

05　協力廠商模組—Talib

CHAPTER

06　實作回測腳本

CHAPTER

07　模擬平臺

CHAPTER

合約基本概念

1/1　起心動念

　　筆者於 2021 年趕上合約熱潮，從不懂交易操作到每天盯盤 12 小時以上，漸漸了解合約的交易機制後，卻因為盯盤盯得太累，所以萌生「電腦能做的事為何要人工來做」的念頭。當時找遍了市面上的資料，發現有股票量化、虛擬貨幣量化、期貨量化，但卻沒有合約量化的程式教學，當然 2021 年的合約量化交易程式也是如雨後春筍般的出現，個人也曾嘗試過一、二款，但要嘛開案方跑路，要嘛一個大波動就虧了，所以在 2021 年 7 月開始自己動手研究合約量化腳本。

　　但是量化程式的參考資料一堆，合約量化卻少得可憐，所以筆者一路跌跌撞撞的，記得第一本學習的知識便是蠟燭圖，也就是 K 線圖知識，建議初學者一定要學習，從書中可以獲得不少 K 線的知識，期間也看過趨勢交易、波浪理論等一些關於未來趨勢判斷方式的書籍，卻發現這類書籍雖說一理通萬理通，但卻不太適合於合約交易中。

⋂ 圖 1-1　基本的 K 線圖

　　因為剛開始接觸合約交易，網上找了很多參考資料，有用過 CCXT 中的火幣、幣安 API，卻因為當時出差中國期間無法使用而放棄，進而開始自行編寫，而又懶得去計算指標（其實只是很單純的認為麻煩），所以很天才的想了個方案，那就是在交易所的 K 線圖中開啟需要的指標，參考圖 1-2 和圖 1-3 設定（圖中的默認指標即為預設指標）。

∩ 圖 1-2　開啟主圖所需指標

∩ 圖 1-3　開啟副圖所需指標

　　目前正規交易所的功能都很齊全，而一般初學者所學習的不外乎 MA（移動平均線）、BOLL（布林通道）、VOL（交易量）、MACD（指數平滑異同移動平均線）、RSI（相對強弱指標）、KDJ（隨機指標）、StochRSI（隨機相對強弱指標）等相關指標（在「第5章 協力廠商模組—Talib」會進行詳細介紹），開啟相關指標後的K線圖，如圖1-4所示。

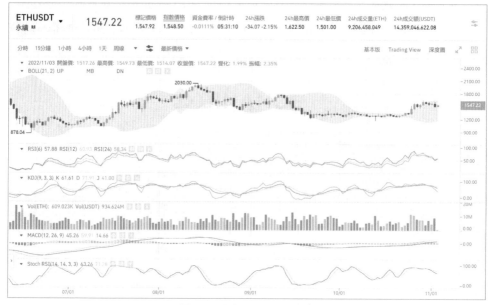

♠ 圖 1-4　開啟所需指標後的畫面

在Python裡使用pytesseract_ocr，OCR？文字識別庫？沒錯，就是用文字識別把需要的指標數據即時截取下來進行識別（圖1-5），省去了指標計算的耗時（筆者當時做過時間測試，大約10秒內可完成一個迴圈—截取、辨識、判斷），然後進行組合判斷測試，從最初的MA到結合BOLL和MACD，再到KDJ和RSI等都做過測試。

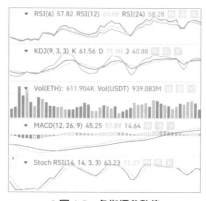

♠ 圖 1-5　各指標參數值

接著，再透過 API 取得該交易所的即時價格，結合指標組合來計算出當時的多空方向後即時開倉，再設定預期獲利和即時方向判斷決定是否平倉，這是當時沒找到好用工具而想出來的方法，不用計算便可以即時獲取到需要的數據，真是太天才了（臭屁一下）。結果，當換了電腦時（筆者用的是筆電），突然感覺到晴天霹靂，因為解析度問題，位置全跑掉了，這樣就無法上伺服器讓程式 24 小時跑了，只能繼續找解決方案，終於找到了 TA-Lib（當時網上只介紹用於股票和期貨，所以忽略了），用了 TA-Lib 才發現當初的決定有多愚蠢，這些都是後話了。

2021 年底終於寫出一套最陽春的合約量化腳本，由於筆者不曾想過商業化，只想自己偷偷玩，但是在 2022 年經歷一場生死大劫後，萌生了將經驗編寫成冊的念頭，讓想進入合約量化交易領域的玩家能有參考的資料，當然筆者沒有非常專業的合約量化知識，很多都是 Google 來的，所以若有疏漏之處，也請不吝指教，同時也請謹記「交易有風險，入市需謹慎」。

♪圖 1-6　投資有風險，入市需謹慎

1／2　現貨和合約的介紹

2009 年 1 月 3 日，號稱區塊鏈的鼻祖—比特幣現世，2011 年 6 月起，部分組織開始接受以比特幣支付的捐獻，而比特幣的價格也由 400 BTC：1 USD 逐年攀升至 2013 年的 1 BTC：1200 USD，而從 2014 年開始進入了比特幣的爆發期，至 2021 年則曾經來到最高 1 BTC：65000 USD。

2014 至 2022 年間，開始出現眾多的貨幣種類，更有出現恆定幣的 USDT（一種對 USD 1：1 的貨幣），交易所由原本的現貨交易也逐漸增加其他的交易，而這裡我們將針對現貨和合約做個簡單的說明：

❑ **現貨（Spot）**：將實際可以透過轉帳、流動的貨幣拿來做交易，這是交易所基本的買賣服務，筆者將其視為現實世界中的股票交易。

∩圖 1-7　一手交錢、一手交貨的交易模式

❑ **合約（Contract）**：交易雙方在交易所透過買賣合約，依據約定在未來某一特定時間和地點，以特定價格買賣規定數量貨幣的交易行為，筆者將其視為真實世界中的期貨交易。

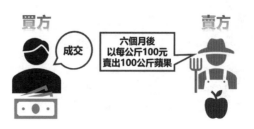

∩圖 1-8　未來某個時間地點才會實現的契約

1／3　現貨和合約的不同

1.3.1　買賣標的不同

現貨買賣的是商品本身，像是即時價格的比特幣、乙太坊等熱門幣種，和股市的差異是可多空交易，也就是可以買漲也可以買跌，這種交易除非在交易熱烈時能獲利，否則一個反向，常「輸到叫不敢（閩南話）」，而觀察市面上的量化程式，多以

馬丁＋網格交易為主，補單再補單，所以在反向行情時有很大機率會爆倉或大賺，當然事事無絕對，主要還是看參數設定及倉位管理，但這種類博奕的交易方式，並不是筆者心中理想的交易型態。

● 圖 1-9　爆倉還是大賺？

　　而合約交易買賣的對象是標準化合約，合約中包含了交易貨幣種類（BTC／USDT或 ETC／USDT 等）、開倉時間、開倉價格（買多價、買空價）、開倉數量、平倉時間、平倉價格（平多價、平空價）、平倉數量等，這才算是一個完整的合約交易，乍聽下來，似乎和外匯交易很類似，這也是筆者結合先前外匯經驗後的操作感受。

● 圖 1-10　標準化合約

1.3.2　交易規則不同

　　顧名思義，「現貨交易」就是「一手交錢、一手交貨」，沒有時間差的交易，而合約交易則是在未來的某一時間交割。舉例來說，當你認為該貨幣某個時間會升值時，可以先在當時價格買入，當時間點到了，也確實升值了，就可賣出賺取中間的差價，其實簡單的說法就是「合約是價格差的交易，而不是實際商品的交易」。

1 / 4　交易名詞

1.4.1　多頭與空頭

「空頭」（Short Position）就是當你因為認知該貨幣會下跌而做出賣出的行為；反之，「多頭」（Long Position）便是因為認知該貨幣會上漲而做出買進的行為，通常在交易操作時，會依當時走勢判斷接下來是空頭或多頭走勢。若為空頭走勢，則會在當時相對高價位時先行賣出貨幣，待走勢達到預期價格後進行買入平倉；多頭則是相對低價買入，預期高價賣出。

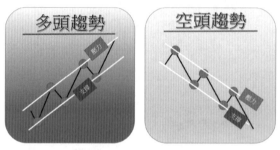

♦圖 1-11　多頭和空頭趨勢

1.4.2　倉位

所謂「倉位」（Position）就是指交易的單位數，「倉位管理」在合約交易中是很重要的環節，往往管理不當便造成爆倉的結局，血本無歸了，在市場上很多所謂的帶單老師都說要做好倉位管理，開倉只能是手上資金的 3%、5%，最多只能多少多少，但投資者往往在操作時就會忘了「倉位管理」這件事，原因是前面幾單盈利了，這單也一定能盈利的，所以熱血沸騰了，不管三七二十一的就爆倉了，所以在後面關於程式實作章節中，會說明筆者認為較合理的倉位管理方式。

⌒圖 1-12　10.79% 的倉位

1.4.3　開倉和平倉

在判斷多、空趨勢後選擇進場，統稱「開倉」（Open Position）。舉例來說，在市場多頭趨勢下，會在當下相對低點開倉買入，等後期達到預期價位時平倉（Close Position）賣出；反之，空頭則是相對高點開倉賣出，等後期達到預期價位時平倉買入。

簡單來說，就是你在當前價位覺得該貨幣即將跌價，就趕緊先賣出，等跌價後再補單買回，完成一筆買＋賣的交易。而若覺得即將漲價，就趕緊買入，等漲價後再賣出。

> 🔔 **說明**
>
> 把交易看為低買高賣，所以在多頭（漲勢時）是如此，但若是空頭（跌勢時）則為高賣低買，畢竟交易是買＋賣，才能算是一個完整交易。

1.4.4　槓桿

外匯交易中有一個重要名詞叫「槓桿」（Leverage），筆者曾參與過 400x 槓桿的外匯交易，而在合約交易中也有槓桿，依不同貨幣種類，最高到 120x（不同交易所也會有不同設定），我們用最簡單的方式來說明槓桿，也就是說，如果槓桿為 1x，買入的合約價就會是貨幣的原價，如果為 20x，則買入的合約價會是 1/20，也就是你用 1/20 的本金買入了 1 單位的貨幣，總歸一句話，就是讓投資人以較小的資本獲得較大資金的投資工具，也就是放大投資結果。

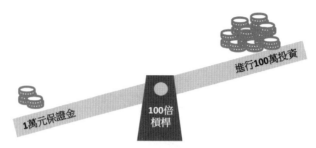

△ 圖 1-13　100x 槓桿放大效益

1.4.5　保證金

一般有提供槓桿功能，讓用戶以信用和小額資本來換取大資金的交易，都是保證金（Margin）交易的一種，合約交易中，每開一倉都會有最低的保證金門檻，在交易過程中，一旦保證金歸零時，系統會自動終止該筆交易，避免繼續虧損卻無法償還的情況，市場上通常把保證金歸零稱為「爆倉」（Liquidation）。

△ 圖 1-14　做多 / 做空保證金計算方式不同

1.4.6　手續費

虛擬貨幣交易所中，在買和賣時都會收取手續費（Fee），各家交易所的手續費標準不一，可挑選合理收取的交易所作為主交易所。在之後的章節實作中，將會以幣安交易所為主要實作對象，當然也會說明為何會挑選幣安交易所的原因，都是血淚史啊。

1.4.7　全倉和逐倉

當強平（保證金不足，強制平倉，俗稱「爆倉」）發生時，全倉（Cross Margin）帳戶內所有資金都會自動轉為保證金來進行填補虧損的動作，所以當保證金歸零時（爆倉），表示該合約帳戶內已經沒有其他可用的資金了；逐倉（Isolated Margin）則相反，當爆倉時只會虧損該倉位內的資金，建議手動初學者可以逐倉操作，以避免過大的虧損，等熟悉後，再進行全倉操作。

△圖 1-15　全倉和逐倉哪個好？

1.4.8　其他名詞

其實，合約交易中，上述的幾個名詞已可完成開倉平倉的交易了，如果要了解KLines / Deep 等交易裡的各種專有技術名詞，可以在市面上找相關資料，在此我們不會過多著墨在這些名詞上，而必要的名詞在後面章節中遇到時，還是會簡單說明一下。

以上的說明部分參考了火幣網的合約交易 100 問，可惜的是目前只發行到第 10問，相信待完整發行後，可讓想進入合約交易的玩家更了解什麼是合約。

幣安的合約交易

1.5.1　為何是幣安？

筆者原先對區塊鏈交易一直沒有去接觸及了解，會接觸合約交易，也是因為朋友介紹了幾個交易所，在這裡就不指出是哪些交易所了。中間轉來轉去，在交易過程中，雖然都有盈利，但在 2021 年 12 月，某交易所出狀況，資金血本無歸（10 USDT 玩到 300 USDT）後，心疼的不是資金，而是合約量化交易是能盈利的，卻苦於沒有合適的平台可用，在經歷過此事件後，筆者開始轉戰火幣網，卻發現火幣網在台灣未開放合約交易（可能是我的錯誤理解吧），所以當時就找上了幣安交易所，幣安交易所作為排名前幾大，安全性和穩定性還是可靠些，所以在 2022 年 1 月就把合約量化腳本轉到幣安交易所了，當然轉換過程中也是撞了好幾次牆，書中內容都會先繞開這些坑。

🔗 圖 1-16　幣安交易所

1.5.2　幣安的合約交易

幣安合約提供了四條產品線，分別是「U 本位合約」、「幣本位合約」、「幣安槓桿代幣」、「幣安期權」，在往後的說明裡，將會針對 U 本位合約做實作，畢竟貪多嚼不爛，當然對其他產品有興趣的讀者也可以自行研究。

　圖 1-17　幣安合約種類

簡單來說，「U 本位合約」就是以 USDT 或 BUSD 作為結算單位，例如：BTCUSDT 就是以 USDT 進行 BTC 的買和賣，ETCUSDT 則是以 USDT 買賣 ETC，依此類推。

　圖 1-18　U 本位合約結算方式

合約	最新價格	24h 漲跌	成交量
★ BTCUSDT 永續	20,369.9	-0.72%	13,774,360,021
★ BNBUSDT 永續	323.17	-1.07%	762,683,087
★ ETHUSDT 永續	1,556.66	-2.10%	14,492,770,087
★ BCHUSDT 永續	117.98	+2.43%	212,105,431
★ XRPUSDT 永續	0.4574	-0.74%	746,927,590
★ EOSUSDT 永續	1.149	+0.88%	242,089,985
★ LTCUSDT 永續	63.09	+13.86%	1,065,747,899
★ TRXUSDT 永續	0.06201	-1.12%	69,738,944

BTCUSDT 永續　20368.9　標記價格 20,368.8　指數價格 20,377.5　資金費率 / 倒計 0.0001% 03:51

　圖 1-19　多種交易兌

1.5.3 幣安合約 API

幣安 U 本位合約在其說明文檔裡，有一則免責聲明（幣安合約 API 僅有英文和簡體中文，往後章節若為截取幣安 SDK 官網資料均為簡體版本），如圖 1-20 所示。

SDK和代码示例

免责声明：

- 以下SDK由合作方和用户提供，**非官方制作**行为。仅做熟悉api接口和学习使用，请广大用户谨慎使用并根据自身情况自行拓展研发。
- Binance 官方不对SDK的安全和性能做任何承诺，亦不会对使用SDK引起的风险甚至损失承担责任。

↑圖 1-20　幣安 SDK 免責聲明

其實，當筆者看到這則免責聲明時，心裡也在犯嘀咕：「官方網站上公布的 SDK 宣告免責，這是什麼情況，會不會有問題啊」。但在當時的情況下，似乎幣安成為了當下最好的選擇，所以也就冒汗直上了，不過從轉換到幣安後，至今還沒出現過什麼問題。

幣安 U 本位合約共有 Python 3 和 Java 二種語法的 SDK 和程式碼範例，其中 Python 有二款 SDK，原先筆者用的是 SDK 2：binance_futures_python，後期則更改為 SDK 1：binance-futures-connector，其實二者也沒什麼功能上的差異，只是 SDK 1 封裝更簡易使用而已，所以在不浪費時間的情況下，之後章節會直接以 SDK 1 作為實作引用。

1/6　結語

在剛開始接觸合約量化前，總想著怎麼讓程式能判斷**型態**及**趨勢**，可以自動下單，但實作後卻發現，要做到長期趨勢會有難處，漸漸轉換思考方向為「如何獲取指標參數」。

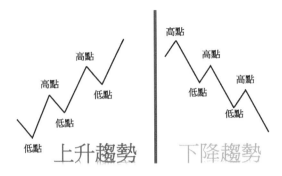

🎧 圖 1-21　上升趨勢 VS 下降趨勢

其實，在實作過程中發生了很多的狀況，不同指標間的判斷和挑選適合的指標都是考驗，只有不斷的測試實驗才能知道結果。看到這裡，讀者也不用擔心，因為實作其實沒想像難，實際操作過後，你會發現簡單實現量化並不需要太多的程式技巧，更多的是在於指標的認識上。下一章將會介紹開發環境的準備，包括 Python、PyCharm、幣安 SDK 等，而已有相關能力的讀者則可以跳過此章節。

環境架設

安裝 Python 3.10.7

當初筆者會選擇 Python，是因為一直在網路上看到其開發的便利性、易於上手，所以也算是重新學習一個新的開發語言了。目前網路上可以找到 Python 2 及 Python 3，因為兼容性的問題，建議直接從 Python 3 開始學習，畢竟二個版本的語法差異不大，而之後的實作會著重於 Python 3。

2.1.1　下載安裝程式

其實，安裝 Python 並沒有想像中的複雜。

STEP 01 首先直接打開 Python 官網：**URL** https://www.python.org。

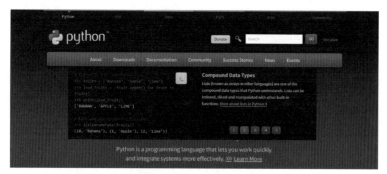

♠ 圖 2-1　Python **官網主頁**

STEP 02 在主頁上方的功能列上點選 Downloads 選項，進入到下載頁面。

♠ 圖 2-2　Python **下載主頁**

STEP **03** 筆者編寫時，Python已來到3.10.7的版本，所以直接點擊「Download Python 3.10.7」按鈕，進行安裝檔的下載。下載後，在個人的下載目錄中找到「python-3.10.7-amd64.exe」安裝程式檔（該檔案為Windows版本的Python安裝程式）。

2.1.2　執行安裝程式

STEP **01** 雙擊執行下載的「python-3.10.7-amd64.exe」，在安裝頁面中，我們先勾選下方的「Add Python 3.10 to Path」後，再點選「Install Now」按鈕進行安裝。

🎧 圖 2-3　Python **安裝程式首頁**

> 🔔 **說明**
>
> 為什麼要先勾選「Add Python3.10 to Path」呢？這是為了方便未來安裝模組時，可以使用命令提示字元。那可不可以不勾選呢？好像也不會怎麼樣，Python一樣正常使用，只是當使用Python相關指令時，需要切換到Python的安裝目錄，這會麻煩了一點，所以還是把Python加到環境變數的PATH裡，避免初學時的困擾吧。

STEP **02** 大約3分鐘左右，便可以成功把Python安裝到電腦內了。

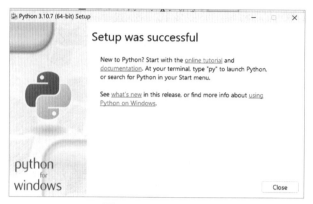

● 圖 2-4　Python 安裝完成

2.1.3　確認正常安裝

STEP **01** 搜尋「CMD」，開啟進入命令提示字元的模式。

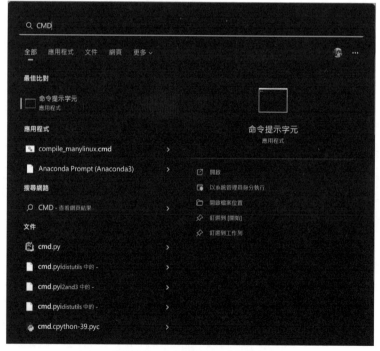

● 圖 2-5　命令提示字元（CMD）

STEP **02** 在命令提示字元模式下輸入「Python」，按下 Enter 鍵後，只要能跑出 Python 訊息，就表示安裝成功了。

```
命令提示字元 - python                    ×    +  ∨
Microsoft Windows [版本 10.0.22623.875]
(c) Microsoft Corporation. 著作權所有，並保留一切權利。

C:\Users\t2jki>python
Python 3.10.7 (tags/v3.10.7:6cc6b13, Sep  5 2022, 14:08:36) [MSC v.1933 64 bit (AMD64)] on win32
Type "help", "copyright", "credits" or "license" for more information.
>>>
```

∩ 圖 2-6　Python **命令列**

STEP **03** 當然也可以輸入「python --version」來查看安裝的 Python 版本號，一旦出現和安裝版本號相同的訊息，就表示已安裝完成了。

∩ 圖 2-7　**檢查 Python 版本號**

2.1.4　挑選集成開發環境

接下來需要有一個集成開發環境（編輯器、編譯器、連結器、執行器），簡稱「IDE」。有了集成開發環境才能開始寫程式，當然 Python 自帶了一個輕量級的 IDLE，練習語法用法或簡單陳述句還行，但稍微複雜點的程式，便會發現少了便利性及擴充性，底下列出市面上幾款專業的 IDE：

❑ Sublime Text　　　　　　　❑ Thonny

❑ Visual Studio Code　　　　❑ PyCharm

❑ Emacs　　　　　　　　　　❑ Vim

❑ Spyder　　　　　　　　　　❑ Atom

這裡不去比較這些 IDE 的優缺點，只要用得習慣、順手就是好的，筆者建議初學者可以 PyCharm 作為學習 Python 的 IDE。

2/2　PyCharm 下載和安裝

2.2.1　下載安裝程式

STEP 01 進入 PyCharm 官方下載頁面，可以看到 PyCharm 有二個版本，分別是 Professinal（專業版）和 Community（社群版），其中專業版是收費的，可以免費試用 30 天，而社群版則是免費的，在這裡建議使用社群版即可，因為該版本不會對學習 Python 產生任何影響。

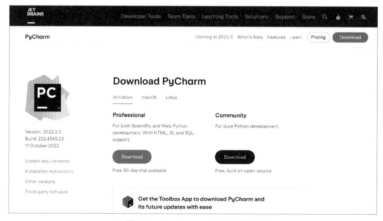

∩ 圖 2-8　PyCharm 官方下載頁面

STEP 02 點擊 Community 下方的「Download」按鈕。下載完成後，會得到一個 PyCharm 安裝程式（編寫當下的版本是「pycharm-community-2022.2.2.exe」），雙擊開啟下載的安裝程式來進行安裝。

∩ 圖 2-9　安裝程式執行畫面

2.2.2　執行安裝程式

STEP **01**　設定安裝目錄。

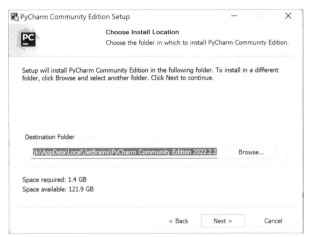

∩圖 2-10　設定安裝目錄

STEP **02** 設定完成後，點擊「Next」按鈕，再點擊「Install」按鈕，然後等安裝進度條達到 100%，即完成 PyCharm 的安裝。

這裡做個簡單說明：

❏ **Create Desktop Shortcut**：勾選的話，會在桌面建立快捷方式。

❏ **Update Context Menu**：添加滑鼠右鍵選單，使用打開專案的方式打開目錄。

❏ **Create Associations**：勾選後雙擊 py 文件，會預設使用 PyCharm 打開。

❏ **Update PATH Variable**：勾選後，會將 PyCharm 加入到環境變數中，方便使用命令列操作。

✿圖 2-11　功能設定

2 / 3　幣安 API 的申請

2.3.1　幣安交易所

STEP 01 在瀏覽器中輸入「https://www.binance.com」,便能進入到幣安交易所的首頁。

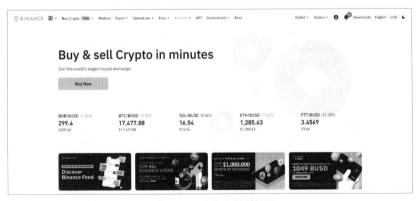

✿圖 2-12　幣安交易所首頁

STEP **02** 有英文恐懼症嗎？沒關係，點擊右上角的「English」，便會彈出語言選擇頁
面，可依自己的習慣選擇語言版本，而在語言這部分，幣安還是很友善的。

Language and Region	Currency		×
Español (Latinoamérica)	English (Australia)	English (India)	English (Nigeria)
Español (México)	Español (Argentina)	English (UK)	English (Kazakhstan)
English (South Africa)	English (New Zealand)	English (Bahrain)	Français
Filipino	Français (Afrique)	Italiano	Polski
Português (Brasil)	Português (Portugal)	Română	Svenska
Slovenčina	Slovenščina	Tiếng Việt	Türkçe
latviešu valoda	Čeština	Ελληνικά	Русский
Русский (Украина)	Українська	български	العربية
اردو	العربية (البحرين)	বাংলা	日本語
简体中文	繁體中文		

↥圖 2-13　**幣安交易所的語言和區域選擇**

STEP **03** 更改語言後，直接把畫面下拉到最下方。

關於我們	產品	服務	幫助	學習
關於我們	Exchange	下載	反饋及建議	學習 & 獲利
職業機會	Academy	桌面應用程式	幫助中心	瀏覽加密貨幣價格
商務聯絡	幣安直播	一鍵買幣	提交工單	比特幣價格
社區	慈善	機構和 VIP 服務	費率標準	以太坊價格
幣安資訊	Card	場外大宗交易	交易規則	買 BNB
服務協議	Labs	返佣	幣安驗證	買 BUSD
隱私說明	資產發行平台	Affiliate	執法申請	買 Bitcoin
風險提示	Research	幣安幣	幣安法務 (法院命令)	買 Ethereum
公告中心	Trust Wallet	上幣申請	幣安空投入口網站	買 Dogecoin
資訊	NFT	申請C2C認證商家		買 XRP
Notices	幣安支付	P2Pro Merchant Application		更多熱門幣種
網站地圖	幣安禮品卡	歷史市場數據		
Cookie 偏好設定	BABT	Proof of Btoken Asset		

↥圖 2-14　**下方中文功能列表**

STEP 04 這裡會遇到第一個坑，到現在為止是一般人進入網頁後的操作方式，然而東找西找，卻找不到 API 的入口連結，這時需要更改為英文介面，再下拉到最下方。

About Us	Products	Service	Support	Learn
About	Exchange	Downloads	Give Us Feedback	Learn & Earn
Careers	Academy	Desktop Application	Support Center	Browse Crypto Prices
Business Contacts	Binance Live	Buy Crypto	Submit a request	Bitcoin Price
Community	Charity	Institutional & VIP Services	APIs	Ethereum Price
Binance Blog	Card	OTC Trading	Fees	Buy BNB
Terms	Labs	Referral	Trading Rules	Buy BUSD
Privacy	Launchpad	Affiliate	Binance Verify	Buy Bitcoin
Risk Warning	Research	BNB	Law Enforcement Requests	Buy Ethereum
Announcements	Trust Wallet	Listing Application	Binance Legal (Court Orders)	Buy Dogecoin
News	NFT	P2P Merchant Application	Binance Airdrop Portal	Buy XRP
Notices	Binance Pay	P2Pro Merchant Application		Buy Tradable Altcoins
Sitemap	Binance Gift Card	Historical Market Data		
Cookie Preferences	BABT	Proof of Btoken Asset		

⋒圖 2-15　下方英文功能列表

STEP 05 對比一下二者的差異，中文版少了 APIs 的頁面連結，這是什麼情況，總之已經找到入口了。點擊進入 API 的主頁面，這時英文恐懼症又出現了，解決方式就是右上角的語言再選擇一次，首先映入眼簾的就是要使用 API，需要申請 API KEY。好了，又一堵牆，因為要註冊後才能申請。

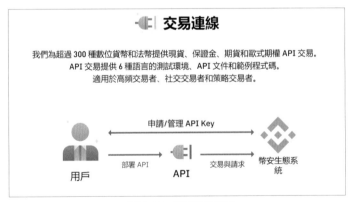

⋒圖 2-16　交易連線說明

2.3.2　幣安帳戶申請

其實，在官方常見問題中已有很詳細的說明了，讀者可以參考官網的申請流程。目前幣安交易所帳戶申請共有四種模式，分別是「電子郵件」、「手機」、「Google ID」及「Apple ID」，在此將針對電子郵件的註冊流程進行介紹。

STEP 01 在瀏覽器上輸入「https://www.binance.me/zh-TC/futures/ref/119900062」，會進入到幣安註冊頁面。

⋔圖 2-17　註冊方式選擇頁面

STEP 02 選取註冊方式，你可以使用電子郵件位址、電話號碼及 Apple ID 或 Google ID 來註冊。如果你要建立企業帳戶，請點擊「註冊企業帳戶」，務必仔細選擇帳戶型態，一旦註冊後，你將無法更改帳戶型態，請參閱「企業帳戶」標籤頁，以了解詳細的逐步指南。在這裡建議使用「個人帳戶」即可。

STEP 03 選取「電子郵件」，然後輸入你的電子郵件位址。接著，為你的帳戶建立一組安全的密碼，閱讀並同意服務條款與隱私政策，然後點擊「創建個人帳戶」按鈕。

⋔圖 2-18　建立帳戶頁面電子郵件版

> 📣 **說明**
>
> ❑ 你的密碼必須包含至少 8 個字元，其中包含至少 1 個大寫字母與 1 個數字。
>
> ❑ 如果你是第一次註冊幣安合約，請務必填寫其推薦 ID（請輸入合約推薦碼 119900062）。

STEP 04 你會在你的電子郵件中收到一組 6 位數的驗證碼。在 30 分鐘內，輸入該驗證碼，並點擊「提交」按鈕。

ⓘ 圖 2-19　輸入 EMAIL 驗證碼

STEP 05 恭喜！你已成功建立一個幣安帳戶。

ⓘ 圖 2-20　成功建立帳戶

目前因安全考量，註冊好帳戶後需要進行 KYC（身分驗證），否則無法使用幣安交易所的功能。

2.3.3　幣安帳戶身分驗證（KYC）

幣安交易所官網上，有說明為何要進行 KYC 身分驗證，如圖 2-21 所示。

為何我需要完成身分驗證？

身分驗證或認識你的客戶 (KYC) 標準旨在保護您的帳戶免於詐騙、貪腐、洗錢和資助恐怖主義等情事。

所有新用戶都需要完成 [驗證] 以使用幣安的產品和服務，包含加密貨幣充值、交易和提現等等。

未完成 [驗證] 的現存用戶的帳戶權限將暫時調整為「僅限提現」，能夠使用的服務將限於資金提取、訂單取消、平倉和贖回。

根據您的地區或選擇的支付管道，您可能需要提高身分驗證等級以提升帳戶安全性。如需更多細節，請參考為何我需要完成身分驗證。

🎧 圖 2-21　為何我需要完成身分驗證

STEP **01** 點擊圖 2-20 中的「立即驗證」按鈕，進行個人身分驗證。

選擇居住國家　✕

請確認您的居住國家和您的有效身分證件相符。您的權利可能依據選擇發生變更。

🔵 Taiwan (台灣)　　　　　　　　　▼

驗證流程

👤 個人資訊

🪪 國民身分證

🙂 臉部辨識

🕐 審核時間：2 天

指南

⊙ 如何驗證我的身分

繼續

🎧 圖 2-22　選擇居住國家

STEP **02** 幣安提供了三種身分認證
的方法，分別是「身分
證」、「護照」和「駕照」，
任選一種認證方式後，點
擊「繼續」按鈕。

∩圖 2-23　身分認證

STEP **03** 我們選擇駕照認證來做說
明。

∩圖 2-24　駕照認證說明

STEP **04** 點擊駕照正面框中的「拍照」按鈕。

↑圖 2-25 駕照拍攝上傳

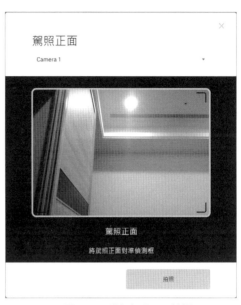

↑圖 2-26 進行駕照正面拍攝

STEP **05** 以同樣的方式進行反面拍攝，然後將相片上傳，接著便會來到自拍照的拍攝部分。

↑圖 2-27 拍攝自拍照

STEP **06** 完成自拍照上傳後，便要開始填入個人資訊。

一起來進行驗證吧 ✕	← **預設住家地址** ✕
身份信息	完整地址
國籍	輸入居住地址
🌐 Taiwan (台灣) ▾	此為必填欄位。
法定名稱	郵遞區號
性別	
中間名	城市
姓	
與您的護照或身分證一致	國家/地區
出生日期	Taiwan (台灣)
1972　12 12月　16	

🎧 圖 2-28　個人資料填寫　　　　　🎧 圖 2-29　填寫地址

臉部辨識　　　　　✕

開啟幣安 APP 並掃描下方的 QR 碼

重新整理

幣安 App（2.18.0 或以上的版本）

我已在手機上完成驗證

🎧 圖 2-30　人臉識別

STEP **07** 這裡會覺得註冊一個帳戶還真是麻煩，但考量到安全性，忍了。安裝好幣安 APP 後，先不要進行登錄，進入到首頁後，點選上方的 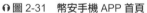 標誌，進行行動條碼掃碼的處理。

♠ 圖 2-31　幣安手機 APP 首頁

♠ 圖 2-32　掃描行動條碼

STEP **08** 掃描後，會進入帳戶登錄的頁面，這些複雜的流程沒辦法避免，就登錄吧。登錄後，會回到人臉識別的頁面。

∩圖 2-33　人臉識別的說明

STEP **09** 點擊「開始認證」按鈕，進入到識別流程。

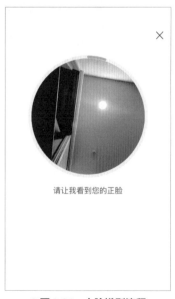

∩圖 2-34　人臉識別流程

STEP **10** 之後請照著提示做動作，等流
程跑完後，便完成了驗證。

∩圖 2-35　驗證完成

STEP **11** 等待審核結果。

∩圖 2-36　等待審核結果

2.3.4　如何建立 API

建立 API，可讓你透過數種程式語言連接至幣安的伺服器。可以從幣安提取歷史數據，並用於與外部應用程式互動。你可以透過第三方程式檢視你目前的錢包和交易數據、進行交易、充值和提現資金（筆者建議為安全起見，只開放交易 API 即可，不要透過 API 進行提現和轉帳處理）。而建立 API 的過程十分簡單，僅需 5 分鐘即可完成。

STEP 01 登入你的幣安帳戶後，於用戶中心圖示處點選「API 管理」。

⋒圖 2-37　API 管理入口

STEP **02** 點擊「創建新 API」按鈕。

API管理　　　　　　　　　　　　　　　　　　　創建新API　　創建 Tax Report API　　刪除所有API

1. 每個帳戶最多可創建 30 個 API Key。
2. 請勿將您的 API Key 透露給任何人，以免造成資產損失，建議為API Key綁定IP，以提高您的帳戶安全性。
3. 請注意，將API Key綁定在第三方平台，可能有安全隱患，請您謹慎操作。
4. 如果未完成 KYC，您將無法創建 API。

♪ 圖 2-38　API 管理主頁面

STEP **03** 在建立 API 前，你需要先為你的帳戶啓用「兩步驟驗證」（2FA）。幣安的設
備驗證提供了電子郵件、電話、Google 驗證，請依幣安驗證設定流程完成至
少二種驗證方式。

創建新API　　　　　　　　　　　　　✕

給予API密鑰標籤以繼續

　　　取消　　　　　　　　下一步

♪ 圖 2-39　輸入新 API 的識別名稱

　　因為 API 可以申請多組，而為了區分用途，可自行輸入 API 的識別名稱，像是
robot、contract 等可一眼知道用途的名稱，然後完成安全驗證。

安全驗證　　　　　　　✕

滑動以完成拼圖

♪ 圖 2-40　安全驗證

STEP **04** 透過你註冊的 2FA 裝置來完成安全驗證。筆者選擇 Google 驗證和電子郵件驗證，分別輸入驗證碼後，點擊「提交」按鈕。

ⓝ 圖 2-41　完成安全驗證

STEP **05** 你的 API 已建立完成。請務必妥善保管你的密鑰，該密鑰僅此出現一次。請勿與任何人分享本密鑰，如果你忘記你的密鑰，你必須刪除該 API 並重新建立。此外，還請注意設定你的 IP 位址權限，建議你選擇「限制只對受信任 IP 的訪問」。

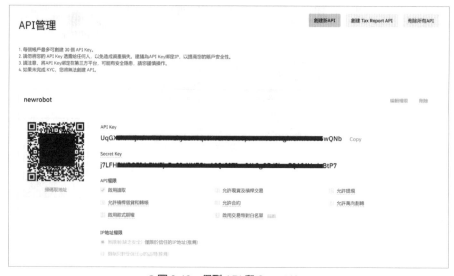

ⓝ 圖 2-42　得到 API 和 Secret Key

STEP **06** 眼尖的讀者應該會看到 API 權限的地方有不少的勾選條件。建議安全起見，只開啓「啓用讀取」、「允許合約」即可，如果你也想參與其他像是現貨、槓桿、期權等也可以勾選（此部分不在本書腳本建立範圍，讀者自行決定），而「允許提現」、「允許萬向劃轉」這二個功能建議不進行勾選，因為牽扯到了資金流向的問題。

API權限

✓ 啓用讀取　　　　　　　　　　允許現貨及槓桿交易　　　　　　　允許提現

　允許槓桿借貸和轉帳　　　　　　允許合約　　　　　　　　　　　　允許萬向劃轉

　啓用歐式期權　　　　　　　　　啓用交易幣對白名單

IP地址權限

● 無限制（最不安全）　僅限於信任的IP地址(推薦)

介 圖 2-43　API 權限勾選

2.3.5　幣安兩步驟驗證指南

● 什麼是兩步驟驗證？

「2FA」或「兩步驟驗證」是指透過兩個步驟或兩道驗證機制來保護你的帳戶，以此建立另一層安全性。在這種情況下，一個步驟會分為三種不同的類別：

❏ 用戶知道的資訊（例如：密碼）。

❏ 用戶擁有的物品（例如：手機）。

❏ 生物特徵（例如：指紋）。

如欲透過「兩步驟驗證」來妥善保護帳戶，你必須為帳戶設定兩道驗證機制，才能授予存取權限。幣安提供各種的兩步驟驗證方法：

❏ 安全性金鑰（例如：YubiKey）。　　　❏ 行動電話（簡訊）。

❏ 幣安驗證器。　　　　　　　　　　　　❏ 電子郵件。

❏ Google Authenticator。

如何在幣安上設定 Google Authenticator

前往你的帳戶頁面。如果你先前使用的是手機號碼註冊，那基本便會預設為開啟；反之，如果用的是電子郵件註冊，那便是電子郵件預設為開啟狀態。

Ω圖 2-44　帳戶安全設定入口

Ω圖 2-45　帳戶安全設定頁面

簡訊驗證

建立帳戶時，你會需要提供手機號碼。每次登入時，此服務都會向你發送包含驗證碼的簡訊，且該驗證碼會在特定時間後失效。你必須輸入驗證碼數字才能登入。

優點	缺點
便捷易用。	可能會被騙取手機號碼。
不需要另外下載應用程式。	手機要有信號／驗證時間只有 60 秒。

電子郵件驗證

　　使用電子郵件建立帳戶時，你需要提供電子郵件位址。每次登入時，此服務都會向你發送包含驗證碼的郵件，你必須輸入驗證碼數字才能登入。

優點	缺點
驗證時間較簡訊長。	可能會被偷取電子郵件。
不需要另外下載應用程式。	開啟時間較長。

驗證器

　　設定驗證器後，系統即會為你分配備份金鑰（祕密金鑰）。接著，應用程式會將祕密金鑰當作種子，定期生成一次性密碼（OTP）。登入時，你必須使用這些一次性密碼。

優點	缺點
增強式加密。	如果你的裝置遺失了，就意味著無法存取帳戶（除非你有備份金鑰）。
你不需要手機信號或 WIFI。	需要安裝額外的應用程式。

設定驗證器

STEP **01** 在你的帳戶頁面上按一下「開啓」按鈕。

⋒圖 2-46　個人安全驗證頁面

STEP 02 你必須下載驗證器的應用程式。你可以透過此畫面上的連結下載，安裝該應用程式後，繼續進行下一步。

⋔圖 2-47　選擇安全驗證方式

STEP 03 從圖 2-47 中，可看到幣安交易所提供了二種驗證器，分別是「幣安驗證器」和「Google 驗證器」，筆者習慣使用套組方案，所以選擇「幣安驗證器」來下載。

⋔圖 2-48　幣安身分驗證器

STEP 04 掃描行動條碼並完成驗證器下載後，在行動裝置上開啓幣安身分驗證器應用程式，然後點擊「掃碼」按鈕；如果你無法使用裝置的相機來掃描，則點擊「輸入密鑰」按鈕。

❶圖 2-49　掃碼

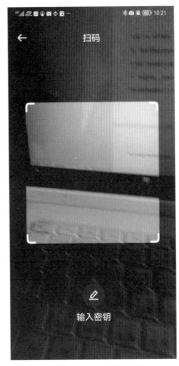

❶圖 2-50　掃碼頁面

STEP **05** 請點擊網頁的「下一步」按鈕，進入掃描二維碼的階段。

❶圖 2-51　二維碼和密鑰

STEP **06** 在幣安身分驗證器上掃描行動條碼後，即完
成了身分驗證器和交易所的聯動。

Ω 圖 2-52　完成驗證設定

STEP **07** 備份金鑰。請將此備份金鑰寫在一張紙上，並妥善保管。如果你日後遺失行
動裝置，便可用來重置你的幣安身分驗證器。

Ω 圖 2-53　備份金鑰

STEP **08** 啓用幣安 / Google 驗證。輸入手機號碼取得的驗證碼和幣安身分驗證程式中的驗證碼，然後點擊「下一步」按鈕。

∩圖 2-54　啓用驗證器

STEP **09** 完成驗證器啓用。

∩圖 2-55　驗證器已啟用

2.3.6　開通合約帳戶

STEP 01 在第一次進行合約交易時，需要進行一些合約問題測試。要開通合約交易，要先找到U本位合約的入口：「衍生品→U本位合約」。

∩圖 2-56　U 本位合約入口

STEP 02 進入「U本位合約」主頁面後，會發現右側交易區會出現開通合約帳戶的說明，點擊「立即開戶」按鈕。

∩圖 2-57　開通合約帳戶

STEP 03 在「選擇預設槓桿倍數」頁面，可隨個人承受範圍進行調整，筆者主要針對的是 ETHUSDT 交易兌，幣安中此交易兌最高槓桿為 100x，而筆者設定的是「20x」，讀者可自行設定。

⋒圖 2-58　**選擇合約槓桿倍數**

🔔 **說明**

若未完成身分認證，當點擊「開通合約帳戶」按鈕後，會出現「身分驗證」。因為幣安帳戶需要完成中級身分驗證，才可以完整使用幣安所有的產品和服務。

⋒圖 2-59　**身分認證**

STEP **04** 相信依照流程操作的讀者都已完成驗證了，接下來進行合約問答測驗。

∩圖 2-60　幣安合約交易問答測驗

STEP **05** 你可以選擇看完視頻，具備一定基礎後再進行答題，也可以直接答題。合約
測驗共計 14 題，接下來逐一答題即可。

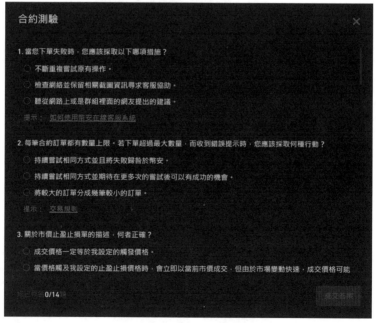

∩圖 2-61　幣安合約測試題目

STEP **06** 在每題的下方都有相對的提示，難度不大。如果沒留意勾錯答案，提交後的錯誤答案處是紅色框警示，只要再次勾選正確答案即可。

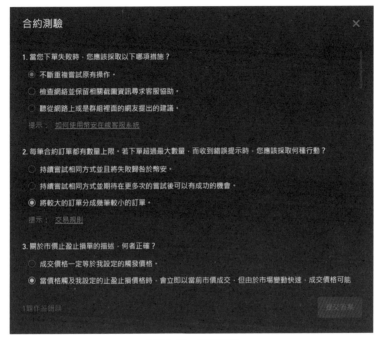

↑圖 2-62　錯誤警示

STEP **07** 全部正確後，就可點擊「去交易合約」按鈕，正式進行手動交易了。

↑圖 2-63　答題全部正確

2.3.7　邀請好友開通幣安合約帳號

你也可以邀請朋友加入幣安合約的操作行列。

STEP **01** 進入到「U本位合約」頁面。

∩圖 2-64　U 本位合約主頁面

STEP **02** 點擊右上角人物圖標，並選擇「返佣」功能。

∩圖 2-65　個人帳戶管理

STEP **03** 進入「返佣」主頁面後，點擊「立即邀請」按鈕。如果想了解具體規則或個人的返佣數據，可以點擊下方對應的分頁按鈕。

◐ 圖 2-66　返佣主頁

STEP **04** 可以點擊「複製推薦連結」按鈕後，將你的推薦連結發送給朋友，當其開通
合約帳戶後，未來的合約交易便和你有關聯了。

邀請好友，賺取佣金！　　　　　　　　　　　　　　　　×

我的推薦鏈接　　　　　　　　　　　　　　　推薦碼

https://www.binance.com/zh-TC/futures/ref/　　119900062

您的基本佣金率: 20%　　　　　　　　　　　　　　　　編輯比率

我的 10%　　　　　　　　　　　　　　　　　　好友 10%

* 受邀請人僅享受首月返佣，邀請人僅在首月享受上述設定返佣率，一個月後，邀請人將在一年內享受
10%（持有 500 BNB 以下）或 20%（持有 500 BNB 以上）的固定返佣率。

* 返佣比例調整後，將對所有的受邀用戶生效。

複製推薦連結

自定義推薦碼　　　　　　　下載二維碼

分享到社交媒體

◐ 圖 2-67　推薦連結和二維碼

結語

　　到這裡，我們已經把開發環境架設和幣安 API KEY 的取得做了簡單的說明，關於幣安帳戶的設定及驗證等章節部分取自幣安官網，如果習慣手機操作者也可以參考 APP 設定說明，雖然繁雜了點，不過為了帳戶安全還是要進行。

　　其實，在實作過程中，當沒有牽扯到下單或查詢帳戶等隱私性功能的前提下，是用不著 API KEY 的，不過考量到之後實單操作的需要，還是把這部分先放上來。到此，合約量化腳本的環境都已搭建好了，接下來還需要讓 Python 小白們熟悉一下語法，因此下一章將簡單說明 Python 的基礎知識。

Python 基礎語法

接下來，我將針對實作課程中會用到的基本語法及指令做簡單說明，有了基礎，在實作中的學習將變得很輕鬆，而想要進階的讀者則可以上網找相關的學習資料。

變數

3.1.1　基本變數型別

要學習 Python 的第一步，便是要先了解什麼是「變數」（Variable）。底下將分別對實作中會用到的變數型別、賦值、轉換型別做簡單的說明。在沒有安裝第三方 IDE 之前，Python 內附的 IDLE 便是不錯的學習工具了。

❶圖 3-1　IDLE

```
IDLE Shell 3.10.7                                    ─    □    ×
File  Edit  Shell  Debug  Options  Window  Help
    Python 3.10.7 (tags/v3.10.7:6cc6b13, Sep  5 2022, 14:08:36) [MSC v.1933 64 bit (
    AMD64)] on win32
    Type "help", "copyright", "credits" or "license()" for more information.
>>> |
```

∩ 圖 3-2　IDLE 開啟後的畫面

　　還記得安裝好 Python 後，在 CMD 模式下輸入「Python」字樣後的畫面嗎？其實二者是一樣的，只是 IDLE 把 Python 的命令列集成一個視窗而已，有興趣的讀者可在命令列中玩玩。

3.1.2　變數型別

　　Python 中的變數型別共有四種，分別是：

❏ **整數**（**integer**）：0、1、2、3、4⋯。

❏ **浮點數**（**float**）：1.0、1.1、1.2、1.3⋯。

❏ **字串**（**string**）：'ABC'、'123'、'Start Python'⋯。

❏ **布林**（**bool**）：True、False。

3.1.3　變數的賦值

　　Python 中，針對變數的賦值和其他程式語言相同，都是透過等號（＝）來完成，等號左側為變數名稱，右側則為要賦予的值，例如：

a=1 ──────────────── 表示將右側的 1 值賦予變數 a

　　如果想要了解原理，可以找找 Google，它會給你更詳細的原理說明。我們接下來在 IDLE 裡實作，並針對上述四種型別的變數分別進行賦值，看看效果如何吧。

```
>>> a=1
>>> a
  1
>>>
```

∩ 圖 3-3　整數賦值

在 IDLE 中分別有二行指令：

在 Python 中，要即時查看變數所被賦予的值，可以直接輸入該變數名稱，便會在次行輸出該變數的值。

```
>>> a=1
>>> a
1
>>>
>>> a=2.3
>>> a
2.3
>>>
```

⋒圖 3-4　浮點數賦值

可能有讀者說：「我知道 a 被賦予浮點數 2.3，但為何 a 不是 1，而是 2.3？」其實，Python 不像早期的程式語言，需要對變數宣告型別，所以 a 可以是整數、浮點數、布林、字串等型別，也因此後賦予的型別值便成了該變數當前的值。接下來，我們可以看同一變數名稱的四種型別賦予的變化。

```
>>> a=1
>>> a
1
>>>
>>> a=2.3
>>> a
2.3
>>>
>>> a='Hello World!!'
>>> a
'Hello World!!'
>>>
>>> a=True
>>> a
True
>>>
```

⋒圖 3-5　變數的四種型別賦值變化

3.1.4　變數的轉換

　　在實作過程中，常會發現取得的資料並不是所要的型別，這時就得透過型別轉換的功能來轉換成正確的型別。

```
>>> a='200.3'
>>> a
'200.3'
>>> float(a)
200.3
>>> a
'200.3'
>>>
```

♠ 圖 3-6　字串轉換成浮點數

　　在這個例子中，二個單引號或二個雙引號間的字元或數字都會被視為字串，所以 a 被賦予了 200.3 的字串，而非 200.3 的浮點數，接下來使用 float(a) 將 a 轉換成浮點數 200.3，此時再把 a 的值列印出來，會發現 a 還是字串型別，這是因為 float() 功能只是對當前變數的值做轉換，並沒有重新賦值給變數 a，所以 a 的值並沒有被改變，這點要記得。

　　而有浮點數型別的轉換，自然也有整數和字串型別的轉換函式了。

```
>>> int(a)
Traceback (most recent call last):
  File "<pyshell#17>", line 1, in <module>
    int(a)
ValueError: invalid literal for int() with base 10: '200.3'
>>>
```

♠ 圖 3-7　錯誤的型別轉換

　　不是有整數的型別轉換嗎？為何會出錯？記住，在字串裡的內容是 200.3，當由字串轉換成數值型別時，便是浮點值 200.3，轉換後並不是整數型別，所以會報錯。切記轉換型別也要看轉換前的內容值，圖 3-8 便示範了浮點數轉整數和字串的正確作法。

```
>>> a = 200.3
>>> a
200.3
>>> int(a)
200
>>> str(a)
'200.3'
>>>
```

♠ 圖 3-8　浮點數轉整數及字串

3.1.5　變數的命名規則

變數的命名規則如下：

❏ 只能包含英文、數字和底線：eth_1min。

❏ 變數名稱不能有空格，通常會用底線替換：eth_kline。

❏ 不使用保留字，如 int、bool、for…，以避免使用上的混亂。

❏ 大小寫不同，視為不同的變數名稱：a 和 A。

```
>>> eth_1min = True
>>> eth_1min
    True
>>> int = 3
>>> int
    3
>>> bool = 4
>>> bool
    4
>>> a = 3
>>> A = 4
>>> a
    3
>>> A
    4
>>>
>>> for ■ 3
    SyntaxError: invalid syntax
>>>
```

○ 圖 3-9　變數命名規則的示範

　　圖 3-9 中可看出 int 和 bool 也可以當成變數名稱使用，但建議儘量避免，因為在寫作上容易產生混淆，而用 for 當變數名稱則直接報錯，這是因為 for / if / while 等是一個保留語句，無法當成變數名稱使用。

3.1.6　四則運算

　　這應該算是一個獨立單元，但因為在實作中只會做到基本的四則運算，所以把它放在這裡做說明。所謂「四則運算」就是數學中的加減乘除，在 Python 中可以很簡單實現它。

```
>>>
>>> 2+2
    4
>>> 2-2
    0
>>> 2*2
    4
>>> 2/2
    1.0
>>>
```

○ 圖 3-10　四則運算

在範例中可以清楚看到：

2 + 2 = 4

2 - 2 = 0

2 * 2 = 4

2 / 2 = 1.0

為何 2/2 不是整數 1，而是浮點數 1.0 呢？這是因為在除法中有可能會有小數位的值，所以 Python 便自動將除法後得到的值設定成浮點數。

 字串

使用二個單引號、二個雙引號間的都是字串（String），像是 'abc'、"abc"，字串常見的用法如下。

3.2.1　字串切割

當我們接收到資料後，可以利用 split() 切割字串，轉換成 list 方便後續分析處理，由於 list 會交由 Pandas 處理，所以這裡便不做過多的介紹。

語法：

```
str.split(str='')     # ' ' 裡填入要進行分割的基準字串
```

```
>>> str1 = '2022/09/29'
>>> str1.split('/')
['2022', '09', '29']
>>>
```

๑ 圖 3-11　字串切割

例子中，str1 的值為 '2022/09/29'，針對此字串進行字串切割，'/' 作為切割條件，一遇到 '/' 便切割字串，所以執行後會變成三個字串分別為 2022、9、29，而 '/' 作為切割條件，則不會存在 list 裡。

3.2.2　字串合併

在字串功能中，合併也是很常見的。在 Python 中，字串合併的方式很簡單，就像四則運算的加法一樣，也就是字串相加。

```
'a'+'b'= 'ab'   # 加號左側的字串連結加號右側的字串
```

```
>>> a = 'Hello'
>>> b = 'World!!'
>>> a+b
'HelloWorld!!'
>>>
```

∩ 圖 3-12　字串合併

例子中，可以很清楚看到二個字串相加後的結果，但會發現少了中間的空格，所以在相加時，可以多加一個空字元。

```
>>> a+' '+b
'Hello World!!'
>>>
```

∩ 圖 3-13　字串合併應用

3／3　關係運算子、邏輯運算子及判斷式

3.3.1　判斷式

先來說明一下什麼是「判斷式」（Expressios）。一個完整的判斷式會結合關係運算子和邏輯運算子來做事件的判斷，條件判斷式在程式中有其重要性。要先判斷條件是否成立，才能決定接下來怎麼做，我們用生活中的例子做簡單說明。

如果（紅燈亮）

　停止通行

否則

　可以通行

　　這就是條件判斷式的組成，條件是紅燈亮或不亮，當條件為 True 的時候，便會執行事件 1（停止通行）；否則的話，就會執行事件 2（可以通行）。眼尖的讀者會發現紅燈不亮，一定代表能通行嗎？如果是黃燈亮呢？這時就可以使用嵌套式條件判斷來做示範：

如果（紅燈亮）

　停止通行

否則如果（黃燈亮）

　停止、觀察

否則

　可以通行

　　「如果…否則如果…否則」是嵌套式的條件判斷式，中間的「否則如果」是可以無限的嵌套下去。

　　如果把它轉換成 Python 語法則會是：

```
if red_light:
    stop
elif yellow_light:
    becareful
else:
    passing
```

說明

事件敘述要縮排，縮排格式要一致，空格和 tab 不能混用。可發現 stop、becareful 和 passing 三個事件敘述都進行了一個 tab 的縮排。

3.3.2　關係運算子（Relational operator）

關係運算子如下：

符號	名稱	說明
==	等於	兩值相等為 True。
!=	不等於	兩值不相等為 True。
>	大於	左值大於右值為 True。
<	小於	左值小於右值為 True。
>=	大於等於	左值大於等於右值為 True。
<=	小於等於	左值小於等於右值為 Ture。

```
>>> a=11
>>> b=10
>>> a==b
False
>>> a!=b
True
>>> a>b
True
>>> a<b
False
>>> a>=b
True
>>> a<=b
False
>>> |
```

∩ 圖 3-14　關係運算子的示範

a 值為 11，b 值為 10，a==b 為 False，是因為 a 不等於 b，所以 a!=b 則為 True；a>b 為 True，所以 a<b 便為 False 了；同理，a>=b 為 True，自然 a<=b 便為 False 了。

3.3.3　邏輯運算子（Logic operator）

邏輯運算子如下：

名稱	說明
and	兩者都成立才為 True。
or	其中一個成立就為 True。
not	反轉操作，如果其中一個條件成立，反向後回傳為 False。

```
>>> a=10
>>> b=0
>>> if a>0 and b>0:
...     print('Yes')
... else:
...     print('No')
...
No
>>>
```

◑ 圖 3-15　and 的判斷條件式

可以看到條件式中有二個關係運算子，分別為 a>0 和 b>0，因為用了 and 的邏輯運算子，所以條件式要成立，必須兩者都成立，但例子中 b=0 並沒有大於 0，所以只有一個關係運算子成立而已，自然就會執行否則的事件 2 了，此例結果為 No。如果把邏輯運算子替換成 or 呢？

```
>>> if a>0 or b>0:
...     print('Yes')
... else:
...     print('No')
...
Yes
>>>
```

◑ 圖 3-16　or 的判斷條件式

此例只是把 and 替換成 or，執行結果則為 True 執行事件 1，這是因為 or 的邏輯概念為 a>0 或 b>0，只需其中一個關係運算子成立即可。

```
>>> a=False
>>> if not a:
...     print('True')
... else:
...     print('False')
...
True
>>>
```

◑ 圖 3-17　not 的判斷條件式①

此例會有點繞，在例子中 a 指定為 False，在判斷式中 not a 真實的寫法，應該是 not a=True，也就是說，如果 a 不為 True 時，執行輸出 True 字串，所以此例的判斷結果為 True，自然便執行事件 1 了，那如果條件式不變，a 的值為 True 呢？

```
>>> a=True
>>> if not a:
...     print('True')
... else:
...     print('False')
...
...
False
>>>
```

◑ 圖 3-18　not 的判斷條件式②

此例的判斷式不變，所以翻譯成可理解的說法便是「如果 a 不為真則輸出 True，否則輸出 False」，而一開始便宣告 a 變數值為 True 了，所以自然會輸出結果為 False。

3/4　迴圈

在 Python 中，共有二種迴圈語法，分別是「for 迴圈」和「while 迴圈」。for 迴圈是在迴圈中依序重複執行相同的動作，執行完成後自動結束，而 while 迴圈則是透過條件判斷決定是否繼續執行的語法，接下來將對這二種迴圈分別進行說明。

3.4.1　for 迴圈

設定一個變數在某個向量值裡重複執行相同的運算式。

語法：

```
for 變數 in 向量:
    運算式
```

```
>>> for i in range(0,10):
...     print(i)
...
```

↻圖 3-19　for 迴圈

此例指定變數 i 由 0 開始輸出 i 的值，直到 i=10 便跳出迴圈，所以列出的值只會是 0-9，因為當 i=10 時，便跳出迴圈不執行運算式了，結果如圖 3-20 所示。

```
>>> for i in range(0,10):
...     print(i)
...
...
0
1
2
3
4
5
6
7
8
9
>>>
```

↻圖 3-20　for 迴圈執行結果

接下來做個挑戰，用嵌套 for 迴圈來實作一個九九乘法表吧。

```
>>> for i in range(1,10):
...     for j in range(1,10):
...         print('{:3}'.format(i*j), end=' ')
...     print()
...
```

⋒圖 3-21　簡單的九九乘法表

第一行中的 for 應該可以理解了吧，也就是 i 值從 1 到 9 進行敘述的執行，而第二行的 for 是嵌套在第一個 for 下的敘述，這句應該就不再重複說明了，第三行則是將 i*j 的結果列印出來。

```
>>> for i in range(1,10):
...     for j in range(1,10):
...         print('{:3}'.format(i*j), end=' ')
...     print()
...
    1    2    3    4    5    6    7    8    9
    2    4    6    8   10   12   14   16   18
    3    6    9   12   15   18   21   24   27
    4    8   12   16   20   24   28   32   36
    5   10   15   20   25   30   35   40   45
    6   12   18   24   30   36   42   48   54
    7   14   21   28   35   42   49   56   63
    8   16   24   32   40   48   56   64   72
    9   18   27   36   45   54   63   72   81
>>>
```

⋒圖 3-22　九九乘法表的結果值

這個似乎看不出來是九九乘法表，而是九九乘完表，顯然這不符合我們想要的結果，所以需要在 print 語句中進行修飾調整，修飾成 print('{}*{}={：3}'.format(I, j, i*j)，end=' ')。

```
>>> for i in range(1,10):
...     for j in range(1,10):
...         print('{}*{}={:3}'.format(i,j,i*j), end=' ')
...     print()
...
1*1=   1 1*2=   2 1*3=   3 1*4=   4 1*5=   5 1*6=   6 1*7=   7 1*8=   8 1*9=   9
2*1=   2 2*2=   4 2*3=   6 2*4=   8 2*5=  10 2*6=  12 2*7=  14 2*8=  16 2*9=  18
3*1=   3 3*2=   6 3*3=   9 3*4=  12 3*5=  15 3*6=  18 3*7=  21 3*8=  24 3*9=  27
4*1=   4 4*2=   8 4*3=  12 4*4=  16 4*5=  20 4*6=  24 4*7=  28 4*8=  32 4*9=  36
5*1=   5 5*2=  10 5*3=  15 5*4=  20 5*5=  25 5*6=  30 5*7=  35 5*8=  40 5*9=  45
6*1=   6 6*2=  12 6*3=  18 6*4=  24 6*5=  30 6*6=  36 6*7=  42 6*8=  48 6*9=  54
7*1=   7 7*2=  14 7*3=  21 7*4=  28 7*5=  35 7*6=  42 7*7=  49 7*8=  56 7*9=  63
8*1=   8 8*2=  16 8*3=  24 8*4=  32 8*5=  40 8*6=  48 8*7=  56 8*8=  64 8*9=  72
9*1=   9 9*2=  18 9*3=  27 9*4=  36 9*5=  45 9*6=  54 9*7=  63 9*8=  72 9*9=  81
>>>
```

⋒圖 3-23　完整的九九乘法表

改完後是不是更完整了，程式一共才用了四行，便能完成 9×9 的表了，在這裡看到的 print 用法感覺和圖 3-22 有點不一樣，其實 print(i) 是最簡單的用法，也就是直接把變數值輸出在終端上。

而 '{}'.format(變數) 的用法則是針對一行敘述多個變數時的用法，例如：' 帶 {} 出門，買鉛筆花了 {}，買橡皮擦花了 {}，剩下 {}'.format(100, 20, 10, 100-20-10)。{} 是要填入的變數值，而 format 裡則要填入相對應數量的變數值，這個例子輸出會是「帶 100 出門，買鉛筆花了 20，買橡皮擦花了 10，剩下 70」。

而使用 end=' ' 的原因是「在變數裡顯示後補上一個空格」。好了，到這裡已經完成 for 迴圈的簡單介紹了，接著將進行另一種迴圈的說明。

3.4.2　while 迴圈

這裡對 for 和 while 迴圈做個比較說明：

❏ **for 迴圈**：用在已知需要幾次迴圈的狀況。

❏ **while 迴圈**：用在只知道條件，但不知道幾次迴圈的狀況。

從比較中得知，while 迴圈的用法是當 while 內的條件成立就會執行內部程式碼，當條件不成立時則退出迴圈。

語法：

```
while 條件：
    重複執行內部程式碼
```

這裡我們用 while 實作出和 for 一樣能跑出 0-9 的程式。

```
>>> x=0
>>> while(x<10):
...     print(x)
...     x+=1
...
0
1
2
3
4
5
6
7
8
9
>>>
```

∩ 圖 3-24　while 實作 0-9

　　首先，x 賦值為 0，當 x<10 時列印出 x，之後 x 值加 1；當 x=10 時，便退出迴圈，所以可以做出和 for 相同的功能。

3.4.3　迴圈中的 break 和 continue

迴圈裡還有二個語句，分別是：

❏ **break**：用來停止迴圈執行，也就是即便條件未達成，但內部可以加上條件判斷式來決定是否中斷該迴圈。

```
for 或 while (…):
    ……
    if (條件式):
        break
    ……
```

我們用上個例子來做說明：

```
>>> x=0
>>> while True:
...     print(x)
...     x+=1
...     if x==10:
...         break
...
...
0
1
2
3
4
5
6
7
8
9
>>>
```

◐ 圖 3-25　break 的用法

　　例子中，while True 表示永遠執行，那就不會有條件不達成的情況了，也就是無限迴圈。程式不能總在這裡而跑不出來，所以我們在內部程式裡加入了一個條件判斷式「if x==10」，當 x 值等於 10 的時候，執行 break 強制跳出迴圈。

❏ **continue**：迴圈通常會把「內部程式」執行完一遍後，才會重新再執行，但如果有某個條件下，不想執行該迴圈的「內部程式」，則要怎麼處理呢？答案就是

continue 指令，可用 continue 跳過某次迴圈，再重新比對迴圈條件後，繼續執行下次的迴圈。

```
for 或 while (…):
    if 條件式:
        continue
    …
```

我們更改相同的例子來比對效果差異，例如：從 0-9 的數字輸出中，不想看到 3 的值。

```
>>> x = 0
>>> while (x<10):
...     if x==3:
...         x+=1
...         continue
...     print(x)
...     x+=1
...
...
0
1
2
4
5
6
7
8
9
>>>
```

◑ 圖 3-26　continue 的用法

很明顯看到少了 3 的數字，這是因為當執行到 x=3 時，則跳過接下來的語句，直接到 x=4 繼續執行了。所以，break 可用來跳出迴圈執行，而 continue 則是跳過該次迴圈的執行。

3/5　函式

程式越寫越多，如果相同功能的程式碼一再重複書寫，那程式便會變得太長且不好修改，所以需要函式來簡化程式碼，讓重複的程式寫一次就好，這樣便於維護及修改，而函式也分成傳值或不傳值的函式，接下來會針對這二種函式做簡單的說明。

3.5.1　函式宣告

在 Python 中用 def 來宣告函式：

```
def 函式名 (參數)：
    內部程式
    return (參數)
```

Python 中並沒有強制規定一定要傳參數值進函式中，所以宣告函式時，也可以不設定傳入的參數，而回傳也是如此，底下便分別以範例說明，較易了解。

```
>>> def helloworld():
...     print('Hello World!!')
...     return True
>>> helloworld()
Hello World!!
True
>>>
```

♎ 圖 3-27　不傳參數但回傳 bool 值

```
>>> def helloworld():
...     print('Hello World!!')
...
>>> helloworld()
Hello World!!
>>>
```

♎ 圖 3-28　不傳參數不回傳

```
>>> def sum(a,b):
...     return a+b
...
>>> sum(3,4)
7
>>>
```

♎ 圖 3-29　傳入二個參數值，回傳相加值

```
>>> def sum(a,b):
...     print(a+b)
...
>>> sum(3,4)
7
>>>
```

♎ 圖 3-30　傳入二個參數值，輸出相加值，不回傳

圖 3-29 和 3-30 感覺輸出結果是一樣的，具體有什麼不同呢？首先，圖 3-29 將加總的值回傳，如果這個值後續還有用，那可以用一個變數把它存下來：temp = sum(3, 4)，此時 temp 的值會是 7，而後這個變數值便可用在計算或判斷使用；圖 3-30 因為沒有回傳，所以只是將結果輸出而已，後續無法再使用。

3/6　例外處理的應用

「例外」是一個事件，在程式執行過程中有可能因為考慮不周全而發生，進而導致程式中斷執行。在網際網路的數據取得過程中，有可能因為種種原因而導致例外

發生,而在這種情況下,可以使用 Python 排除例外處理的語法來避免程式終止,而要捕捉例外可以使用 try/except。

語法:

```
try:
<語句>              # 執行正常的程式碼
except <名字>:
<語句>              # 如果在 try 中引發了例外
```

```
>>> try:
...     print('13'+2)
... except:
...     print(13+2)
...
...
15
>>>
```

♠ 圖 3-31　try/except 的基本運用

範例中,我們把一個字串和整數相加,所以程式執行便會出錯,如果沒有使用 try/except 語法的話,程式便會報錯退出。使用後,出錯時會執行例外後的指令,所以程式並沒有終止,反而計算出正確的值。

因為是範例,所以我們早就知道錯誤在哪了,但如果不知道呢?要怎麼知道例外產生的原因?

```
>>> try:
...     print('13'+2)
... except Exception as e:
...     print(e)
...
...
can only concatenate str (not "int") to str
>>>
```

♠ 圖 3-32　try/except 輸出例外原因

例子中使用了 except Exception as e:的語句,意思就是當發生例外時,將例外原因取名為變數 e,然後使用 print(e) 把原因輸出,這裡指明了只能 str+str(也就是同型別變數才能相加)。

3/7 其他基礎語法

到目前為止，已針對後續實作中會使用到的基礎語法做簡單介紹和範例說明，這不是 Python 的全部基礎內容，只挑選了會用到的部分來說明，如果本章內容引起你對 Python 的學習興趣，坊間有很多書籍或線上也有很多教學資源可供參考學習，在此就不浪費篇幅介紹了。

3/8 結語

Python 算是筆者這一年來用得最多的語言了，走入管理職後幾乎都沒什麼時間可以盡情寫作，這次為了合約腳本才重拾寫作熱情，當然也是因為一理通萬理通，畢竟有先前的程式經驗，不過接觸後，更多的是感慨現在的程式語言太方便了，之前什麼功能都要自己寫，現在套用就可以了，所以如果您認為自己邏輯不錯，還是建議多朝編寫程式方面思考，畢竟一技在身無憂。

接下來的章節會開始 Pandas 的說明，在開始之前，需要先了解 Python 如何安裝第三方模組，如果在安裝 Python 時，已將其加入到 PATH 中，那麼可以透過命令提示字元（CMD）進行安裝，安裝指令如下：

```
pip install 模組名
```

∩圖 3-33　安裝 pygame 模組

另一個方式便是開啟 PyCharm 的終端進行安裝：

STEP **01** 開啟 PyCharm 後，點擊「+」號來建立一個專案。

∩圖 3-34　PyCharm 歡迎頁面

STEP **02** 專案建立之前，需要先進行設定：

❏ **Location**：專案所在目錄。

❏ **Base interpreter**：選擇 Python 版本。

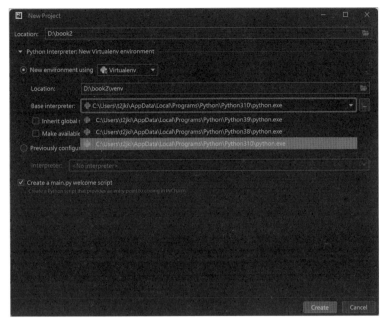

∩圖 3-35　專案設定

STEP **03** 點擊「Create」按鈕後，完成專案建立，因為在圖 3-35 中我們勾選了「Create a main.py welcome script」，所以在建立完成後，PyCharm 會自動產生一個 main.py 的檔案，但由於裡頭的內容不是我們需要的，所以請把內容直接刪除。

∩圖 3-36　預設的 main.py 內容

STEP **04** 我們直接看向 PyCharm 的最下方那一行文字。

ᴖ圖 3-37　底部文字

STEP **05** 找到「Terminal」（終端）的字樣，點擊後便能進入到類 CMD 的介面，PyCharm 呼叫的是 Windows 自帶的 PowerShell。

ᴖ圖 3-38　PyCharm 的 Terminal 畫面

STEP **06** 這裡我們一樣用 PyGame 的例子進行安裝，在終端裡輸入「pip install pygame」。

ᴖ圖 3-39　PyCharm 的 Terminal 裡安裝第三方模組

　　以上二種安裝方式都行，隨個人喜好方便即可，而能正常安裝模組才是最重要的。

Pandas 模組應用介紹

　　在 Python 模組中，pandas 是常見用來進行資料分析和機器學習的重要模組之一，其是 Python 用來處理資料的工具，可以讀取各種檔案轉成欄列式資料格式（類 Excel 格式），可進行篩選或是資料預處理。在本章中，我們將對 pandas 模組做一個入門介紹，確保閱讀完後對 pandas 模組能有一定程度的了解。

 # pandas 主要特點和優勢

4.1.1　pandas 主要特點

❏ 它提供了一個簡單、高效、帶有預設標籤（也可以自訂標籤）的 DataFrame 物件。

❏ 能夠快速從不同的格式檔中載入資料（例如：Excel、CSV、SQL 檔），然後將其轉換為可處理的物件。

❏ 能夠依資料的列、欄標籤進行分組，並對分組後的物件執行聚合和轉換的操作。

❏ 能夠很方便地實現資料歸一化操作和缺失值處理。

❏ 能夠很方便地對 DataFrame 的資料欄進行增加、修改或者刪除的操作。

❏ 能夠處理不同格式的資料集，例如：矩陣資料、異構資料表、時間序列等。

❏ 提供了多種處理資料集的方式，例如：構建子集、切片、篩選、分組以及重新排序等。

4.1.2　pandas 主要優勢

　　和其他語言的資料分析模組相比，pandas 具有下列優勢：

❏ pandas 的 DataFrame 和 Series 構建了適用於資料分析的存取結構。

❏ pandas 簡潔的 API 能夠讓你專注於程式碼的核心層面。

❏ pandas 實現了與其他庫的集成，例如：Scipy、scikit-learn 和 Matplotlib。

❏ pandas 官方網站提供了完善資料支援以及其良好的社群環境。

4／2　pandas 模組的資料結構

一般構建和處理二維、多維陣列是一項繁瑣的事情，pandas 為解決此一問題，在 numpy 的陣列基礎上構建出兩種不同的資料結構，分別是「Series 物件」（一維資料結構）和「DataFrame 物件」（二維資料結構）：

❏ Series 是帶索引標籤的一維陣列。

❏ DataFrame 是一種表格型資料結構（二維），即有列標籤、也有欄標籤，類似於試算表和關聯式資料庫資料表欄列結構。

由於上述資料結構的存在，使得處理多維陣列的工作變得簡單，而要使用這個模組，首先就得先安裝它。

由於 Python 官方標準發行版並沒有自帶 pandas 模組，因此需要自行安裝，進入專案的終端介面，並輸入「pip install pandas」，然後按下 Enter 鍵等待安裝完成即可。

❶圖 4-1　安裝 pandas

就這麼簡單嗎？沒錯，就是這麼簡單，當出現「Successfully installed pandas-1. x.x」訊息，就表示已成功安裝了。由於 pandas 是在 numpy 的基礎上優化的，所以在安裝過程中也會安裝 numpy 的模組，當然也會安裝 pandas 的其他依賴模組，總之已成功安裝了，接下來便要開始進入 pandas 的入門學習章節。

4.2.1　DataFrame 結構

為什麼不是先介紹 Series 結構呢？因為 Series 是一維資料結構，實作裡暫時不會用到，所以這裡我們將針對實作中會用到的 DataFrame 結構進行說明和練習。

　　DataFrame 是 pandas 的重要資料結構之一，也是使用 pandas 進行資料分析中最常使用的結構之一。前面有提到過，DataFrame 是一個表格型的資料結構，即有列標籤（index），又有欄標籤（columns），整體看起來和 Excel 試算表很相似，如圖 4-2 所示。

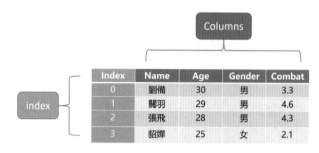

♠ 圖 4-2　DataFrame 的表格型資料結構

　　這是一個武力值（Combat）的資料表格，以列和欄來表示，每一欄表示一個屬性，而每一列則是每一個三國人物的訊息，下表則展示了每一欄標籤的資料型別。

column	type
Name	String
Age	Integer
Gender	String
Combat	Float

　　DataFrame 中每一列資料都可以看成一個 Series 結構，只不過，DataFrame 為這些列中每個資料增加了一個欄標籤，因此可以說 DataFrame 是從 Series 的基礎演變而成的。

　　DataFrame 結構類似於試算表的表格型態，表格中欄標籤的含義如下：

❑ **Name**：姓名。

❑ **Age**：年齡。

❑ **Gender**：性別。

❑ **Combat**：武力值。

DataFrame 和 Series 一樣自帶列標籤索引，由 0 開始遞增，圖 4-2 中可以看出列標籤從 0 到 3，也就是說該 DataFrame 共記錄了四筆資料，列標籤索引可以為隱式（不顯示），也可以是顯式標籤的設定方式。

4.2.2　建立 DataFrame 物件

要先建立 DataFrame 物件就得先匯入 pandas 模組，同時建立的語法格式如下：

```
import pandas as pd
pd.DataFrame(data, index, columns, dtype, copy)
```

DataFrame 建立時，共有五個參數，說明如下表：

參數名稱	說明
data	輸入的資料可以是 ndarray、series、list、dict、甚至一個 DataFrame。
index	列標籤又叫「索引值」，如果沒有傳遞該值，則預設列標籤是 np.arange(n)，n 代表 data 的元素個數。
columns	欄標籤，如果沒有傳遞該值，則預設為 np.arange(n)。
dtype	表示每一欄的資料型別。
copy	預設為 False，表示是否複製 data 資料。

Pandas 提供了多種建立 DataFrame 的方式，接下來針對五種主要方式進行說明。

4.2.3　建立空的 DataFrame 物件

```
import pandas as pd
df = pd.DataFrame()
print(df)
```

在建立時不輸入任何參數值，pandas 會自行建立一個空的 DataFrame。

```
D:\futures_exam\Scripts\python.exe D:/book/main.py
Empty DataFrame
Columns: []
Index: []
```

⋔圖 4-3　執行結果

4.2.4　用 list 建立 DataFrame 物件

⬤ 單一 list 建立

```
import pandas as pd
list = [1, 2, 3, 4]
df = pd.DataFrame(list)
print(df)
```

　　這裡說明一下什麼是 list，就是用中括號來定義的物件，而在這裡便是 [1, 2, 3, 4]。由於只傳入一個參數，且此參數為 list，pandas 會自動把此參數認定為 data，也因為沒有 column 和 index 參數的傳入，所以看到的結果如圖 4-4 所示。

```
D:\futures_exam\Scripts\python.exe D:/book/main.py
   0
0  1
1  2
2  3
3  4
```

ⓘ圖 4-4　執行結果

⬤ 用嵌套 list 建立 DataFrame 物件

```
import pandas as pd
list = [['a', 1], ['b', 2], ['c', 3], ['d', 4]]
df = pd.DataFrame(list)
print(df)
```

　　什麼是嵌套 list？也就是用 list 為元素組成一個 list，範例中可以看到 ['a', 1], ['b', 2], ['c', 3], ['d', 4] 分別是四個獨立的 list 序列型別變數，而由這四個再組成一個序列型別變數，上一個例子中輸出結果為 1、2、3、4，那在這裡會輸出什麼呢？

```
D:\futures_exam\Scripts\python.exe D:/book/main.py
   0  1
0  a  1
1  b  2
2  c  3
3  d  4
```

ⓘ圖 4-5　執行結果

　　從執行結果可得知，第 1 列為 ['a', 1]，也就是有兩欄的欄位值，那如果 list 裡的 list 值更改為三個欄位或四個欄位呢？讀者可自行測試一下，看看是否如預期。

　　這裡我們需要再更改一個版本，原因是這樣的輸出結果可知道第 1 欄的 0-3 代表的 index 可以看出有四筆資料，回頭看程式碼也確實有四筆 list，但是第 2 欄和第 3 欄標籤分別為 0 和 1，這表示目前有兩欄的內容，但如何判定這兩欄裡的數值代表什麼呢？我們要用到第二個參數 columns 了，以 list 方式宣告每欄索引分別為 eng 和 num。

```
import pandas as pd

list = [['a', 1], ['b', 2], ['c', 3], ['d', 4]]
df = pd.DataFrame(list, columns=['eng', 'num'])
print(df)
```

```
D:\futures_exam\Scripts\python.exe D:/book/main.py
   eng  num
0   a    1
1   b    2
2   c    3
3   d    4
```

⋂圖 4-6　執行結果

　　這裡可以看出來，原本第 1 欄的標籤已經變成了 eng，而第 2 欄變成了 num 了。

4.2.5　用 dict 建立 DataFrame 物件

```
import pandas as pd
list = {'eng' : ['a', 'b', 'c', 'd'] , 'num' : [1, 2, 3, 4]}
df = pd.DataFrame(list)
print(df)
```

　　dict 使用的是大括號，中括號包起來的代表有幾筆資料，而在中括號左側則是這串資料的標籤，如果對比上個範例，也就是說，冒號左側是欄標籤（key），而冒號右側是列的數值（value），可以執行看看兩者有什麼差異。

```
D:\futures_exam\Scripts\python.exe D:/book/main.py
   eng  num
0   a    1
1   b    2
2   c    3
3   d    4
```

○圖 4-7　執行結果

可以看出和前一個範例相同，加入 columns 參數的執行結果是一致的。

趁這個機會說明一下 index 的和 dtype 的用法：

```
import pandas as pd
list = {'eng' : ['a', 'b', 'c', 'd'] , 'num' : [1, 2, 3, 4]}
df = pd.DataFrame(list, index=['compare1', 'compare2', 'compare3',
'compare4'], dtype=float)
print(df)
```

因為有四筆資料，所以我們填入四個 index 名稱，同時把 dtype 設定為「float」，看看輸出的結果是什麼？

```
D:\futures_exam\Scripts\python.exe D:/book/main.py
D:\book\main.py:3: FutureWarning: Could not cast to float64, falling back to object. T
  df = pd.DataFrame(list, index=['compare1', 'compare2', 'compare3', 'compare4'], dtyp
          eng  num
compare1   a   1.0
compare2   b   2.0
compare3   c   3.0
compare4   d   4.0
```

○圖 4-8　執行結果

從結果可以很明顯看出，原本隱性索引值 0-3 已經變成顯性索引值 compare1-4 了，也就是說，索引值可以由我們自行決定，所以實作中取得 Kline 值後，一旦可以指定時間為索引值，便可以更明確進行排序處理了。

dtype = float 的用法是把資料型別設定為浮點數，在例子中可以看到 num 下的資料由原先的 1-4 已經變成了 1.0-4.0 了，但發現出現錯誤訊息，這是因為 eng 欄的值為字串值，所以轉換 float 時會出現錯誤訊息，這個參數只是讓讀者了解用法而已，未來實作中並不會用到。

4.2.6　用 list 嵌套 dict 建立 DataFrame 物件

dict 可以說是 {[…]}，也就是嵌套式的運用，那如果變成 [{…}] 的作法是否也可以建立呢？答案是可以的。

```
import pandas as pd
data = [{'eng' : 'a', 'num' : 1}, {'eng' : 'b', 'num' : 2, 'name' : 'Jackie'}]
df = pd.DataFrame(data)
print(df)
```

這裡我們可以看到 [ ] 為 list，而裡面有兩組 { } 的資料，但第一組 dict 有兩欄資料，而第二組 dict 卻有三欄資料？在 pandas 裡如果某元素值缺失，也就是 dict 的 key 值無法找到對應的 value，將會使用 NaN 替代。

```
D:\futures_exam\Scripts\python.exe D:/book/main.py
  eng  num     name
0   a    1      NaN
1   b    2   Jackie
```

🎧 圖 4-9　執行結果

4／3　添加新欄

4.3.1　欄索引添加新欄：df[ ] = value

我們可以使用 columns 裡的資料進行四則運算後，產生一個新的資料，並添加進 pandas 的 DataFrame 裡：

```
import pandas as pd
data = {'one' : [1, 2, 3, 4], 'two' : [10, 11, 12, 13]}
df = pd.DataFrame(data)
print(df)
df['three'] = df['one'] + df['two']
print(df)
```

在範例中，可以看到原先的 dict 內容有兩欄，分別是 1、2、3、4 和 10、11、12、13，執行結果應該可以想像。當我們要新增第 3 欄資料時，採用了第 1 欄＋第 2 欄的作法，此時 pandas 的 DataFrame 便會自動產生第 3 欄，同時把兩欄相加的值填入第 3 欄裡，這在大型資料的處理計算上會變得很簡單、快速。

圖 4-10 可以很清楚看到原先的資料裡沒有第 3 欄，而計算後產生了第 3 欄，如果沒有這個功能來處理，當資料量很大時，單列執行便是一個非常耗時的大工程了。

```
D:\futures_exam\Scripts\python.exe D:/book/main.py
   one  two
0   1   10
1   2   11
2   3   12
3   4   13
   one  two  three
0   1   10    11
1   2   11    13
2   3   12    15
3   4   13    17
```

● 圖 4-10　執行結果

4.3.2　欄索引添加新欄：insert

除了使用 df[ ]=value 外，也可以使用 insert() 方式插入新欄，和 df[ ]=value 不同的是，使用 insert 可以指定要插入到哪一個欄索引。

```
import pandas as pd
data = {'one' : [1, 2, 3, 4], 'two' : [10, 11, 12, 13]}
df = pd.DataFrame(data)
print(df)
df.insert(2, 'three', df['one']+df['two'])
print(df)
```

這裡我們一樣加入第 3 欄，同時因為資料量少，把第 3 欄的資料直接加入，和上面的例子做個對比。

```
D:\futures_exam\Scripts\python.exe D:/book/main.py
   one  two
0    1   10
1    2   11
2    3   12
3    4   13
   one  two  three
0    1   10     11
1    2   11     13
2    3   12     15
3    4   13     17
```

⋂ 圖 4-11　執行結果

insert() 參數說明：

參數名稱	說明
index	指要插入到哪個 columns 的索引位置，在此欄中只有兩欄數值，索引值為 0、1。
column	欄標籤。
value	值。

　　在範例中，因為要新增第 3 欄，所以輸入 2 的索引位置值後，可以很清楚看到是正常排序的，但如果我們把索引值搞錯成 1 呢？還會是我們預期的順序嗎？

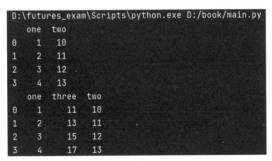

```
D:\futures_exam\Scripts\python.exe D:/book/main.py
   one  two
0    1   10
1    2   11
2    3   12
3    4   13
   one  three  two
0    1     11   10
1    2     13   11
2    3     15   12
3    4     17   13
```

⋂ 圖 4-12　錯誤順序的執行結果

pandas 重置索引函式：reindex()

reindex() 可更改原 DataFrame 的列、欄標籤，更改後的列、欄標籤與 DataFrame 中的資料匹配，也就是說，你可以對現有資料重新排序，如果重置的索引標籤在原 DataFrame 中不存在，那麼該標籤對應的元素值全部填為 NaN。

我們以上個範例做比較和說明：

```python
import pandas as pd
data = {'one' : [1, 2, 3, 4, 5], 'two' : [2, 4, 6, 8, 10]}
df = pd.DataFrame(data)
print(df)
df = df.reindex(index=[0, 2, 4])
print(df)
```

reindex() 的功能在於重置索引，原本的五筆資料經過 reindex 後，取 0、2、4 三筆。

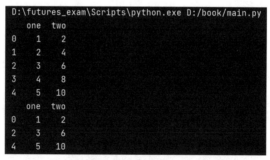

↑圖 4-13　執行結果

pandas 去重函式：drop_duplicates()

應該不難理解字面意思吧，去除重複資料，也就是在一個資料集中找出重複的資料，並將其刪除，只保存不重複的資料集，透過去重不僅可以節省儲存空間，提高寫入性能，還可以提升資料集的精確度，使得資料不受重複資料的影響。

本節將針對 Pandas 提供的去重函式 drop_duplicates() 做詳細介紹。

4.5.1　函式格式

```
df.drop_duplicates(Subset= ['A', 'B', 'C'], keep= 'first', inplace= True)
```

參數說明如下：

參數名稱	說明
subset	表示要進行去重的欄名，預設為 None。
keep	有 first、last、False 三個參數，預設為 First，表示只保留第一次出現的重複項，刪除其餘重複項，last 表示只保留最後一次出現的重複項，False 則表示刪除所有重複項。
inplace	布林參數，預設為 False，表示刪除重複項後回傳一個副本，若為 True，則表示直接在原資料上刪除重複項。

4.5.2　實際應用

我們先建立一個包含重複值的 DataFrame 物件：

```
import pandas as pd
data = {
    'one' : [0, 1, 2, 3],
    'two' : [1, 1, 2, 3],
    'three' : [0, 2, 2, 3]
}
df = pd.DataFrame(data)
print(df)
```

```
D:\futures_exam\Scripts\python.exe D:/book/main.py
    one  two  three
0   0    1    0
1   1    1    2
2   2    2    2
3   3    3    3
```

∩圖 4-14　執行結果

預設保留第一次出現的重複項

```python
import pandas as pd
data = {
    'one' : [1, 0, 1, 1, 2],
    'two' : [4, 0, 4, 4, 3],
    'three' : [0, 2, 5, 0, 1],
    'four' : [1, 0, 1, 1, 2]
}
df = pd.DataFrame(data)
print(df)
print(df.drop_duplicates())
```

```
D:\futures_exam\Scripts\python.exe D:/book/main.py
    one  two  three  four
0   1    4    0      1
1   0    0    2      0
2   1    4    5      1
3   1    4    0      1
4   2    3    1      2
    one  two  three  four
0   1    4    0      1
1   0    0    2      0
2   1    4    5      1
4   2    3    1      2
```

∩圖 4-15　去重預設值的執行結果

　　從結果來看，[1, 0, 1, 1, 2] 會保留第一個重複值，之後重複值不保留，因為 [1, 0, 1] 已經出現第一個重複值，所以之後的 1 值不顯示，而 2 值沒出現過，所以輸出的值便是 [1, 0, 1, 2]，而由於並未指定以哪個欄為判斷，預設為第 1 欄，第 2、3、4 欄則依第 1 欄處理結果進行處理。

keep=False 刪除所有重複項

在指令中，加入 keep=False 的參數設定：

```python
import pandas as pd
data = {
    'one' : [1, 0, 1, 1, 2],
    'two' : [4, 0, 4, 4, 3],
    'three' : [0, 2, 5, 0, 1],
    'four' : [1, 0, 1, 1, 2]
}
df = pd.DataFrame(data)
print(df)
print(df.drop_duplicates(keep=False))
```

```
D:\futures_exam\Scripts\python.exe D:/book/main.py
   one   two  three  four
0    1     4      0     1
1    0     0      2     0
2    1     4      5     1
3    1     4      0     1
4    2     3      1     2
   one   two  three  four
1    0     0      2     0
2    1     4      5     1
4    2     3      1     2
```

⋒圖 4-16　刪除所有重複項（各欄）

可以看出第 1 欄刪除所有重複項後的值為 [0, 1, 2]、第 2 欄為 [0, 4, 3]、第 3 欄則為 [2, 5, 1]、第 4 欄為 [0, 1, 2]，而刪除標準為以第 1 欄遇到重複值前及後的重複值均予以刪除，也就是說當查找到第 2 列的值 1 重複值，而往前的第 0 列和往後的第 3 列也是 1，所以結果便是刪除了第 0 列和第 3 列了。

但是刪除重複列後，列標籤使用的數字並沒有重新開始，我們要如何從 0 重置索引呢？Pandas 提供了 reset_index() 函式可以直接重置索引。

```python
import pandas as pd
data = {
    'one' : [1, 0, 1, 1, 2],
```

```
    'two' : [4, 0, 4, 4, 3],
    'three' : [0, 2, 5, 0, 1],
    'four' : [1, 0, 1, 1, 2]
}
df = pd.DataFrame(data)
print(df)
df = df.drop_duplicates(keep=False)
print(df.reset_index(drop=True))
```

```
D:\futures_exam\Scripts\python.exe D:/book/main.py
   one  two  three  four
0   1    4      0     1
1   0    0      2   . 0
2   1    4      5     1
3   1    4      0     1
4   2    3      1     2
   one  two  three  four
0   0    0      2     0
1   1    4      5     1
2   2    3      1     2
```

⋒ 圖 4-17　重置索引後的執行結果

4／6　pandas 排序函式：sort_index()

　　pands 提供了兩種排序方法，分別是「依標籤排序」和「依數值排序」，我們先建立一組打亂 index 的 DataFrame：

```
import pandas as pd
data = {
    'one' : [5, 9, 7, 11, 2],
    'two' : [4, 3, 24, 14, 13]
}
df = pd.DataFrame(data, index=[2, 1, 0, 3, 4])
print(df)
```

◑ 圖 4-18　未排序的 DataFrame

4.6.1　依標籤排序

使用 sort_index() 方法對列標籤進行排序，指定軸參數（axis）順序排序，預設情況下依照列標籤排序。

```python
import pandas as pd
data = {
    'one' : [5, 9, 7, 11, 2],
    'two' : [4, 3, 24, 14, 13]
}
df = pd.DataFrame(data, index=[2, 1, 0, 3, 4])
print(df)
print(df.sort_index())
```

◑ 圖 4-19　執行結果

從執行結果可看出，列索引經過排序後已成了 [0, 1, 2, 3, 4] 的順序，而各欄也依列索引進行排序。

4.6.2　依標籤反序排序

透過傳入 ascending 參數，可以控制反序排序，更改程式碼如下：

```
print(df.sort_index(ascending=False))
```

```
D:\futures_exam\Scripts\python.exe D:/book/main.py
    one   two
2    5     4
1    9     3
0    7    24
3   11    14
4    2    13
    one   two
4    2    13
3   11    14
2    5     4
1    9     3
0    7    24
```

∩ 圖 4-20　反序排序執行結果

列索引為由大到小的排序。

4.6.3　依欄標籤排序

透過參數 axis 軸參數傳遞 1，可以對欄標籤進行排序，預設為 0，則表示依列排序：

```
import pandas as pd
data = {
    'data2' : [5, 9, 7, 11, 2],
    'data1' : [4, 3, 24, 14, 13]
}
df = pd.DataFrame(data, index=[2, 1, 0, 3, 4])
print(df.sort_index(axis=0))
print(df.sort_index(axis=1))
```

❶圖 4-21　列和欄排序執行結果

當 axis=0 時，將列標籤值由 [2, 1, 0, 3, 4] 排序成 [0, 1, 2, 3, 4]，而當 axis=1 時，則將欄標籤由 [data2, data1] 排序成 [data1, data2]。

4.6.4　依值排序

與標籤排序相似，sort_values() 表示依值排序，它接受一個 by 參數，該參數值是依指定欄進行內容值排序。

```python
import pandas as pd
data = {
    'data2' : [5, 9, 7, 11, 2],
    'data1' : [4, 3, 24, 14, 13]
}
df = pd.DataFrame(data)
print(df)
print(df.sort_values(by='data1'))
print(df.sort_values(by=['data2', 'data1']))
```

首先，第一個 sort_values 針對 data1 此欄的值進行排序，而第二個 sort_values 則是對 data2 和 data1 進行排序，圖 4-22 便是排序結果。

```
D:\futures_exam\Scripts\python.exe D:/book/main.py
    data2  data1
0      5      4
1      9      3
2      7     24
3     11     14
4      2     13
    data2  data1
1      9      3
0      5      4
4      2     13
3     11     14
2      7     24
    data2  data1
4      2     13
0      5      4
2      7     24
1      9      3
3     11     14
```

⋒圖 4-22　排序結果

　　第一區是原始資料，第二區則是針對 data1 進行值的排序，而第三區是針對 data2、data1 進行排序，結果中可看出第三區會針對第一欄的參數進行排序，而不是 data1。

 pandas 選取資料函式：loc[ ] 和 iloc[ ]

　　在資料分析過程中，很多時候需要從資料表中提取出相應的資料，而這麼做的前提是需要先「索引」出這一部分資料。

4.7.1　loc[ ]

　　df.loc[ ] 只能使用標籤索引，不能使用整數索引，當透過標籤索引的切片方式來篩選資料時，它的取值前閉後閉，也就是只包括邊界值標籤（開始和結束）。

　　loc[ ] 具有多種訪問方法，如下所示：

❑ 一個標量標籤。

❑ 標籤列表。

❑ 切片物件。

❑ 布林陣列。

　　loc[ ] 接受兩個參數，並以「 , 」分隔，第一個位置表示列，第二個位置表示欄：

```python
import pandas as pd
data = {
    'data2' : [5, 9, 7, 11, 2],
    'data1' : [4, 3, 24, 14, 13]
}
df = pd.DataFrame(data)
print(df)
print('------------------')
print(df.loc[2 : 3, 'data2'])
```

　　程式中，將列標籤 2-3 以及欄標籤 data2 進行切片處理：

```
D:\futures_exam\Scripts\python.exe D:/book/main.py
   data2  data1
0      5      4
1      9      3
2      7     24
3     11     14
4      2     13
------------------
2      7
3     11
Name: data2, dtype: int64
```

❶ 圖 4-23　執行結果

4.7.2　loc[ ] 布林值操作

```python
import pandas as pd
data = {
    'data2' : [5, 9, 7, 11, 2],
    'data1' : [4, 3, 24, 14, 13]
```

```
}
df = pd.DataFrame(data)
print(df)
print('------------------')
print(df.loc[2] > 7)
```

範例不變，只是把輸出的內容變成了判斷列 index=2 的兩個欄數值是否大於 7，若是的話會輸出 True，若不是則輸出 False。

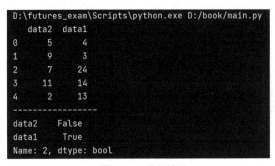

● 圖 4-24　執行結果

從結果可以看出，在列 index=2 的區域，data2 的值為 7，並不大於 7，data1 的值為 24 大於 7，所以最終輸出結果為一個 False、一個 True。

4.7.3　iloc[ ]

df.iloc[ ] 只能使用整數索引，不能使用標籤索引，透過整數索引選擇資料時，前閉後開（不包含邊界結束值），索引值均由 0 開始。

iloc[ ] 提供了三種方式來選擇資料：

❑ 整數索引。

❑ 整數列表。

❑ 數值範圍。

直接看範例：

```python
import pandas as pd
data = {
    'data1' : [5, 9, 7, 11, 2],
    'data2' : [4, 3, 24, 14, 13],
    'data3' : [1, 3, 5, 7, 9],
    'data4' : [12, 14, 16, 18, 20]
}
df = pd.DataFrame(data)
print(df)
print('-----------------')
print(df.iloc[[0, 2, 4], [1, 2]])
print('-----------------')
print(df.iloc[1 : 3, : ])
print('-----------------')
print(df.iloc[ : , 1 : 2])
```

　　程式碼中，可以看到輸出了三種 iloc 的參數使用方法，我們先看結果再進行說明，如圖 4-25 所示。

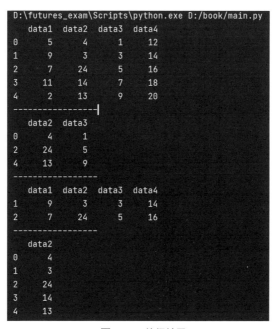

♫圖 4-25　執行結果

首先，第一區是原始內容，第二區輸出的是 df.iloc[[0, 2, 4], [1, 2]] 執行後的內容，在結果裡可以很清楚的看到，輸出的是列的 0、2、4 和欄的 data2（索引值為 1）、data3（索引值為 2），第三區則輸出 df.iloc[1 : 3, :] 的執行內容，也就是列的 1 到 2，以及欄的全部值，第四區的道理相同，輸出 [: , 1 : 2]= 列所有，欄則只有 1，因為最大值為 <2 的整數值，即為 1。

pandas 合併函式：merge()

pandas 提供了 merge() 函式，能夠進行高效的合併操作，可以將兩個 DataFrame 資料表依照指定的規則進行合併，最後拼接成一個新的 DataFrame 資料，merge() 語法格式如下：

```
pd.merge(
    left,
    right,
    how='inner',
    on=None,
    left_on=None,
    right_on=None,
    left_index=False,
    right_index=False,
    sort=True,
    suffixed-('_x', '_y'),
    copy=True)
```

參數名稱	說明
left/right	兩個要進行合併的 DataFrame 物件。
how	要執行的合併型態，從 left、right、outer、inner 中取值，預設為 inner 內連接。

參數名稱	說明
on	指定用於連接的欄標籤名稱，必須同時存在左右兩個 DataFrame 中，如果沒指定且其他參數也未指定，那會以兩個 DataFrame 的欄名交集作為連接鍵。
left_on	指定左側 DataFrame 中作為連接鍵的欄名。
right_on	指定右側 DataFrame 中作為連接鍵的欄名。
left_index	布林值，預設為 False，如果為 True，則使用左側的 DataFrame 列索引作為連接鍵；若具多層索引，則層的數量必須與連接鍵數量相等。
right_index	布林值，預設為 False，如果為 True，則使用右側的 DataFrame 列索引作為連接鍵。
sort	布林值，預設為 True，合併後會進行資料排序。
suffixed	字串組成的元組，當左右 DataFrame 存在相同欄名時，透過該參數可以在相同的欄名後附加後綴名，以作區分，預設為 ('_x', '_y')。
copy	預設為 True，表示對資料進行複製。

首先，我們先做兩個不同的 DataFrame 出來，之後再依不同參數設定，進行資料合併測試：

```
import pandas as pd

left = pd.DataFrame({
    'id' : [1, 2, 3, 4],
    'Name' : ['Smith', 'Maiki', 'Hunter', 'Hilen'],
    'subject_id' : ['sub1', 'sub2', 'sub3', 'sub4']
})
right = pd.DataFrame({
    'id' : [1, 2, 3, 4],
    'Name' : ['William', 'Albert', 'Tony', 'Allen'],
    'subject_id' : ['sub2', 'sub4', 'sub3', 'sub6']
})
print(left)
print('-----------------')
print(right)
```

```
D:\futures_exam\Scripts\python.exe D:/book/main.py
    id     Name subject_id
0   1    Smith       sub1
1   2    Maiki       sub2
2   3   Hunter       sub3
3   4    Hilen       sub4
----------------
    id      Name subject_id
0   1   William       sub2
1   2    Albert       sub4
2   3      Tony       sub3
3   4     Allen       sub6
```

∩ 圖 4-26　執行結果

4.8.1　單鍵進行合併

透過 on 參數指定一個連接鍵，然後針對上一個範例的 DataFrame 進行合併操作，首先分析一下上個範例的執行結果，兩個 DataFrame 均有 id、Name、subject_id 三欄資料，在程式碼中我們將使用 id 作為連接鍵，看一下會有什麼效果。

```
print(pd.merge(left, right, on='id'))
```

```
D:\futures_exam\Scripts\python.exe D:/book/main.py
    id     Name subject_id
0   1    Smith       sub1
1   2    Maiki       sub2
2   3   Hunter       sub3
3   4    Hilen       sub4
----------------
    id      Name subject_id
0   1   William       sub2
1   2    Albert       sub4
2   3      Tony       sub3
3   4     Allen       sub6
----------------
    id  Name_x subject_id_x  Name_y subject_id_y
0   1   Smith         sub1  William         sub2
1   2   Maiki         sub2   Albert         sub4
2   3  Hunter         sub3     Tony         sub3
3   4   Hilen         sub4    Allen         sub6
```

∩ 圖 4-27　執行結果

可以看出在第三區，因為兩組 DataFrame 均有 id 欄，所以會看到直接把兩組中的 Name、subject_id 做列合併，因為欄名稱相同，所以在欄名稱上加入了 _x 和 _y 以做區分。

這裡是一個連接鍵產生的合併結果，如果是多個連接鍵呢？把 merge 裡的參數更改一下變成：

```
print(pd.merge(left, right, on=['id', 'subject_id']))
```

看看效果有什麼不同。

```
D:\futures_exam\Scripts\python.exe D:/book/main.py
   id    Name subject_id
0   1   Smith       sub1
1   2   Maiki       sub2
2   3  Hunter       sub3
3   4   Hilen       sub4
-----------------
   id     Name subject_id
0   1  William       sub2
1   2   Albert       sub4
2   3     Tony       sub3
3   4    Allen       sub6
-----------------
   id  Name_x subject_id Name_y
0   3  Hunter       sub3   Tony
```

∩圖 4-28　執行結果

奇怪，只有一組資料合併了，為什麼呢？這是因為 id 和 subject_id 相同的只有第三筆資料：left 的 [3, Hunter, sub3] 和 right 的 [3, Tony, sub3]，所以就只有這組資料進行合併了。還有一些針對 merge() 的其他功能，讀者可以參考線上資料自行學習。

pandas 連接函式：concat()

透過 concat() 函式，可以輕鬆將兩組 DataFrame 資料串接在一起，這裡指的不是合併而是串接，先看一下語法和參數：

```
pd.concat(objs, axis=0, join='outer', join_axes=None, ignore_inde=False)
```

底下為各參數的說明：

參數名稱	說明
objs	一個 list、Series 或 DataFrame 物件。
axis	表示在哪個軸方向（列或欄）進行連接操作，預設 axis=0 表示列方向。
join	指定連接方式，取值為 inner 或 outer，預設為 outer 表示取並集，inner 表示取交集。
join_axes	表示索引物件的列表。
ignore_index	布林值，預設為 False，如果為 True 表示不在連接的軸上使用索引。

concat() 函式用於沿某個特定軸進行連接操作，一樣的動作，先建兩個不同的 DataFrame 資料，最好是連續性的資料：

```python
import pandas as pd

a = pd.DataFrame({
    'A' : ['A0', 'A1', 'A2', 'A3'],
    'B' : ['B0', 'B1', 'B2', 'B3'],
    'C' : ['C0', 'C1', 'C2', 'C3'],
    'D' : ['D0', 'D1', 'D2', 'D3'],
})
b = pd.DataFrame({
    'A' : ['A4', 'A5', 'A6', 'A7'],
    'B' : ['B4', 'B5', 'B6', 'B7'],
    'C' : ['C4', 'C5', 'C6', 'C7'],
    'D' : ['D4', 'D5', 'D6', 'D7'],
})
print(a)
print('------------------')
print(b)
print('------------------')
print(pd.concat([a, b]))
```

範例中，分別建立了 A0-A3 及 A4-A7 等兩組資料，然後透過 concat([a, b]) 把兩組資料串接在一起，如圖 4-29 所示。

```
D:\futures_exam\Scripts\python.exe D:/book/main.py
     A    B    C    D
0   A0   B0   C0   D0
1   A1   B1   C1   D1
2   A2   B2   C2   D2
3   A3   B3   C3   D3
----------------
     A    B    C    D
0   A4   B4   C4   D4
1   A5   B5   C5   D5
2   A6   B6   C6   D6
3   A7   B7   C7   D7
----------------
     A    B    C    D
0   A0   B0   C0   D0
1   A1   B1   C1   D1
2   A2   B2   C2   D2
3   A3   B3   C3   D3
0   A4   B4   C4   D4
1   A5   B5   C5   D5
2   A6   B6   C6   D6
3   A7   B7   C7   D7
```

∩圖 4-29　執行結果

由結果可以看出，透過concat()已經將兩個不同的 DataFrame 串接在一起了，資料已經變成了A0-A7 了，但可以看出列標籤也跟著串接了，存在重複使用而不是遞增的現象。如果想讓輸出的列索引遵循遞增的規則，則需要將 ignore_index 設定為 True，所以在 concat([a, b]) 裡新增一個參數 pd.concat([a, b], ignore_index= True)。

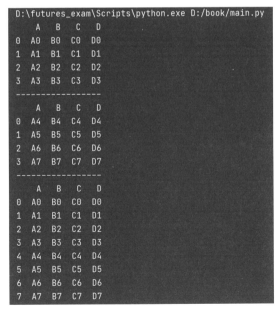

```
D:\futures_exam\Scripts\python.exe D:/book/main.py
     A    B    C    D
0   A0   B0   C0   D0
1   A1   B1   C1   D1
2   A2   B2   C2   D2
3   A3   B3   C3   D3
----------------
     A    B    C    D
0   A4   B4   C4   D4
1   A5   B5   C5   D5
2   A6   B6   C6   D6
3   A7   B7   C7   D7
----------------
     A    B    C    D
0   A0   B0   C0   D0
1   A1   B1   C1   D1
2   A2   B2   C2   D2
3   A3   B3   C3   D3
4   A4   B4   C4   D4
5   A5   B5   C5   D5
6   A6   B6   C6   D6
7   A7   B7   C7   D7
```

∩圖 4-30　列索引不重複

4/10　pandas 連接函式：append()

還有一個更方便、快速的方法，就是 append()。

```python
import pandas as pd

a = pd.DataFrame({
    'A' : ['A0', 'A1', 'A2', 'A3'],
    'B' : ['B0', 'B1', 'B2', 'B3'],
    'C' : ['C0', 'C1', 'C2', 'C3'],
    'D' : ['D0', 'D1', 'D2', 'D3'],
})
b = pd.DataFrame({
    'A' : ['A4', 'A5', 'A6', 'A7'],
    'B' : ['B4', 'B5', 'B6', 'B7'],
    'C' : ['C4', 'C5', 'C6', 'C7'],
    'D' : ['D4', 'D5', 'D6', 'D7'],
})
print(a)
print('-----------------')
print(b)
print('-----------------')
print(a.append(b, ignore_index=True))
```

語法 a.append(b) 的意思是將 B 串接在 A 之後，當然要讓列索引呈遞增一樣加上 ignore_index 即可，執行後雖然能獲得正確結果，但會有一個警告提示：

```
D:\book\main.py：19：FutureWarning：The frame.append method is deprecated
and will be removed from pandas in a future version. Use pandas.concat
instead.
  print(a.append(b，ignore_index=True))FutureWarning？
```

未來的警告？啥意思？其實意思是指「append 將在未來版本從 pandas 中移除，建議使用 concat() 取代」。

```
D:\futures_exam\Scripts\python.exe D:/book/main.py
    A   B   C   D
0   A0  B0  C0  D0
1   A1  B1  C1  D1
2   A2  B2  C2  D2
3   A3  B3  C3  D3
----------------
    A   B   C   D
0   A4  B4  C4  D4
1   A5  B5  C5  D5
2   A6  B6  C6  D6
3   A7  B7  C7  D7
----------------
    A   B   C   D
0   A0  B0  C0  D0
1   A1  B1  C1  D1
2   A2  B2  C2  D2
3   A3  B3  C3  D3
4   A4  B4  C4  D4
5   A5  B5  C5  D5
6   A6  B6  C6  D6
7   A7  B7  C7  D7
```

○ 圖 4-31　執行結果

4/11　pandas 時間序列

「時間序列」就是由時間構成的序列，它指的是在一定時間內依照時間順序測量某變數的取值序列，包含了三種應用場景，分別是：

❏ **特定的時刻**：時間戳。

❏ **固定的日期**：某年某月某日。

❏ **時間間隔**：每隔一段時間具有規律性。

接下來的問題是如何建立時間序列？如何更改已產生時間序列的頻率？而 pandas 提供了簡單、易用的方法。

4.11.1　建立時間戳

TimeStamp（時間戳）是時間序列中最基本的資料型別，時間戳是指字串或編碼資訊用於辨識記錄來的時間日期。打開 Google 輸入時間戳，隨便找個線上轉換工具進去。

現在的Unix时间戳(Unix timestamp)是：　1667573664　｜开始｜　｜停止｜　｜刷新｜

♠ 圖 4-32　站長工具線上時間戳轉換

可以看到中間的數字是以秒的方式逐漸往上增加的，而這個數字其實就是由基本起算時間，一路以秒增加到現在的結果（站長工具為簡體版網頁）。

Unix时间戳（Unix timestamp）　1667573654　　　秒 ▾　｜转换｜　2022-11-04 22:54:14

♠ 圖 4-33　Unix 時間戳轉時間標記

了解時間戳後，我們便來使用 pandas 建立時間戳：

```python
import pandas as pd

print(pd.Timestamp('2022-10-04'))
print('------------------')
```

```
D:\futures_exam\Scripts\python.exe D:/book/main.py
2022-10-04 00:00:00
------------------
```

♠ 圖 4-34　包含時分秒的執行結果

同樣也可以把圖 4-33 中的 Unix 時間戳轉換成時間標記，預設時間是 ms（毫秒），這裡我們則採用 s（秒）當成轉換單位。

```python
import pandas as pd

print(pd.Timestamp(1667573654, unit='s'))
print('------------------')
```

```
D:\futures_exam\Scripts\python.exe D:/book/main.py
2022-11-04 14:54:14
------------------
```

∩圖 4-35　執行結果

4.11.2　建立時間範圍

透過 date_range() 可以建立某連續的時間或固定間隔的時間段，該函式有三個參數如下：

參數名稱	說明
start	開始時間。
end	結束時間。
freq	時間頻率，預設為天（D）。

```
import pandas as pd


print(pd.date_range('9：00', '18：00', freq='30min'))
print('------------------')
```

這段程式碼的意思是在 9：00 到 18：00 間建立一個時間間隔為 30 分鐘的時間序列。

```
D:\futures_exam\Scripts\python.exe D:/book/main.py
DatetimeIndex(['2022-11-04 09:00:00', '2022-11-04 09:30:00',
               '2022-11-04 10:00:00', '2022-11-04 10:30:00',
               '2022-11-04 11:00:00', '2022-11-04 11:30:00',
               '2022-11-04 12:00:00', '2022-11-04 12:30:00',
               '2022-11-04 13:00:00', '2022-11-04 13:30:00',
               '2022-11-04 14:00:00', '2022-11-04 14:30:00',
               '2022-11-04 15:00:00', '2022-11-04 15:30:00',
               '2022-11-04 16:00:00', '2022-11-04 16:30:00',
               '2022-11-04 17:00:00', '2022-11-04 17:30:00',
               '2022-11-04 18:00:00'],
              dtype='datetime64[ns]', freq='30T')
------------------
```

∩圖 4-36　執行結果

有興趣的讀者可以試著去更改時間頻率，觀察一下變化。

4/12　pandas 讀寫 csv

檔案讀寫操作屬於 IO 操作，而 pandas 提供了 pd.read_csv()、pd.read_json()、pd_read_excel() 等讀取函式，同時也提供了 pd.to_csv()、pd.to_excel()、pd.to_json() 等寫入函式。而針對檔案讀寫函式，我們只會針對 csv 來進行說明，其餘讀取方式可自行參考線上資料。

4.12.1　to_csv()

pd.to_csv() 用於將 DataFrame 轉換為 csv 資料，而如果想要把 csv 資料寫入檔案，只需要向函式傳遞一個檔案路徑即可，否則將以字串格式回傳。下面將分別對寫入檔案和不寫入檔案做說明，建立一個 DataFrame，將它轉成 csv 格式，而不寫入檔案裡。

```
import pandas as pd

data = {

    'A' : [-1, -1, 0, 0, 0, 0, 1, -1] ,
    'B' : [-1, 1, 0, -1, 1, -1, -2, 0],
    'C' : [ 0, 0, 0, 0, 1, 0, -1, 1],
    'D' : [ 0, -1, 0, -1, -2, -1, 0, 0],
}
df = pd.DataFrame(data, index=pd.date_range('2/1/2020', periods=8))
print(df)
print('----------------')
print(df.to_csv())
```

在範例中可看到共有 4 欄、8 列的資料，列索引為時間序列。單純使用 to_csv() 而未使用參數，結果是回傳字串資料，而沒有寫入到檔案裡。

```
D:\futures_exam\Scripts\python.exe D:/book/main.py
            A  B  C  D
2020-02-01 -1 -1  0  0
2020-02-02 -1  1  0 -1
2020-02-03  0  0  0  0
2020-02-04  0 -1  0 -1
2020-02-05  0  1  1 -2
2020-02-06  0 -1  0 -1
2020-02-07  1 -2 -1  0
2020-02-08 -1  0  1  0
----------------
,A,B,C,D
2020-02-01,-1,-1,0,0
2020-02-02,-1,1,0,-1
2020-02-03,0,0,0,0
2020-02-04,0,-1,0,-1
2020-02-05,0,1,1,-2
2020-02-06,0,-1,0,-1
2020-02-07,1,-2,-1,0
2020-02-08,-1,0,1,0
```

∩ 圖 4-37 執行結果

名稱	修改日期	類型
.idea	2022/11/4 下午 01:27	檔案資料夾
__pycache__	2022/11/4 下午 01:54	檔案資料夾
main.py	2022/11/8 上午 09:19	JetBrains PyCharm

∩ 圖 4-38 找不到 csv 檔案

接下來指定一個檔案名給 to_csv()：

```python
import pandas as pd

data = {

    'A' : [-1, -1, 0, 0, 0, 0, 1, -1] ,
    'B' : [-1, 1, 0, -1, 1, -1, -2, 0],
    'C' : [ 0, 0, 0, 0, 1, 0, -1, 1],
    'D' : [ 0, -1, 0, -1, -2, -1, 0, 0],
}
df = pd.DataFrame(data, index=pd.date_range('2/1/2020', periods=8))
print(df)
print('----------------')
df.to_csv('./test.csv')
```

執行後，在專案目錄裡會看到指定的 test.csv 檔案。

名稱	修改日期	類型
.idea	2022/11/4 下午 01:27	檔案資料夾
__pycache__	2022/11/4 下午 01:54	檔案資料夾
main.py	2022/11/11 下午 01:37	JetBrains PyCharm
test.csv	2022/11/11 下午 02:08	Microsoft Excel 逗...

∩圖 4-39　建立 test.csv 檔案

4.12.2　read_csv()

上個例子中，我們已經把 DataFrame 的資料寫入 test.csv 檔案裡了，為什麼不用記事本打開看內容是不是正確呢？因為在本節裡將使用 read_csv 函式讀取 test.csv 檔案，並比對資料是否正確：

```python
import pandas as pd

data = {

    'A' : [-1, -1, 0, 0, 0, 0, 1, -1] ,
    'B' : [-1, 1, 0, -1, 1, -1, -2, 0],
    'C' : [ 0, 0, 0, 0, 1, 0, -1, 1],
    'D' : [ 0, -1, 0, -1, -2, -1, 0, 0],
}
df = pd.DataFrame(data, index=pd.date_range('2/1/2020', periods=8))
df_csv = pd.read_csv('./test.csv')
print(df)
print('----------------')
print(df_csv)
```

```
D:\futures_exam\Scripts\python.exe D:/book/main.py
            A   B   C   D
2020-02-01 -1  -1   0   0
2020-02-02 -1   1   0  -1
2020-02-03  0   0   0   0
2020-02-04  0  -1   0  -1
2020-02-05  0   1   1  -2
2020-02-06  0  -1   0  -1
2020-02-07  1  -2  -1   0
2020-02-08 -1   0   1   0
----------------
   Unnamed: 0  A   B   C   D
0  2020-02-01 -1  -1   0   0
1  2020-02-02 -1   1   0  -1
2  2020-02-03  0   0   0   0
3  2020-02-04  0  -1   0  -1
4  2020-02-05  0   1   1  -2
5  2020-02-06  0  -1   0  -1
6  2020-02-07  1  -2  -1   0
7  2020-02-08 -1   0   1   0
```

Ｏ圖 4-40　執行結果

　　看起來執行結果不如預期，因為原始檔案把時間序列當成了列索引，依序存入 test.csv 後，透過 read_csv 讀取回來，則是按列依序讀入，此時會產生隱性索引，而把時間序列當成欄，要解決這個問題，在讀入檔案時，要加入自定義索引的參數。

```python
df_csv = pd.read_csv('./test.csv', index_col=0)
```

```
D:\futures_exam\Scripts\python.exe D:/book/main.py
            A   B   C   D
2020-02-01 -1  -1   0   0
2020-02-02 -1   1   0  -1
2020-02-03  0   0   0   0
2020-02-04  0  -1   0  -1
2020-02-05  0   1   1  -2
2020-02-06  0  -1   0  -1
2020-02-07  1  -2  -1   0
2020-02-08 -1   0   1   0
----------------
            A   B   C   D
2020-02-01 -1  -1   0   0
2020-02-02 -1   1   0  -1
2020-02-03  0   0   0   0
2020-02-04  0  -1   0  -1
2020-02-05  0   1   1  -2
2020-02-06  0  -1   0  -1
2020-02-07  1  -2  -1   0
2020-02-08 -1   0   1   0
```

Ｏ圖 4-41　執行結果

查看結果是正確的了，因為 csv 是依列順序寫入，而時間序列寫入時為第 0 欄，所以要正確指定，只要加入 index_col=0 就可以了。

結語

到此已經把 pandas 模組中常用的函式做了簡單的說明，若有不理解的讀者可以反覆觀看並進行練習。實作時最易學習，因為有用到就會有動力學習，若有想更深入學習的讀者也可以上網尋找資料，網路上有很多的教學資料，建議以個人實作或寫作中會用到的函式去尋找使用方式，這樣會更容易學習。接下來，在正式寫作回測腳本前，我們還有一關要克服，也就是學習 TA-Lib 技術指標。

協力廠商模組—Talib

當有了歷史資料後，便可使用強大的 TA-Lib 模組，在極短的時間內快速計算多達 158 種的指標資料，甚至可以依需求調整指標參數值，接觸過後你會認識到 TA-Lib 的強大。

有興趣深入研究的讀者可以試著學習參考：

❏ **TA-Lib 的官方網站（全英文）**：🔗 https://TA-Lib.org。

❏ **TA-Lib 的官方說明網站（全英文）**：🔗 https://mrjbq7.github.io/ta-lib/doc_index. html。

TA-Lib 的安裝

STEP 01 還記得協力廠商模組的安裝方式嗎？即 pip install xxxxx。

在終端下試著輸入：

```
pip install TA-Lib
```

```
note: This error originates from a subprocess, and is likely not a problem with pip.
ERROR: Failed building wheel for Ta-lib
Failed to build Ta-lib
ERROR: Could not build wheels for Ta-lib, which is required to install pyproject.toml-based projects
```

∩ 圖 5-1　安裝 TA-Lib 報錯

STEP 02 如果出現安裝錯誤，通常意味著找不到底層 TA-Lib 庫，所以要直接下載 TA-Lib 庫。

官方的安裝說明也是坑，建議到網址：🔗 https://www.lfd.uci.edu/~gohlke/ pythonlibs/#TA-Lib 裡找到 whl 檔案，該網站有很多 Python 延伸模組。

Archived: Unofficial Windows Binaries for Python Extension Packages

by Christoph Gohlke. Updated on 26 June 2022 at 07:27 UTC.

This page provides 32 and 64-bit Windows binaries of many scientific open-source extension packages for the official CPython distribution of the Python programming language. A few binaries are available for the PyPy distribution.

The files are unofficial (meaning: informal, unrecognized, personal, unsupported, no warranty, no liability, provided "as is") and made available for testing and evaluation purposes.

Most binaries are built from source code found on PyPI or in the projects public revision control systems. Source code changes, if any, have been submitted to the project maintainers or are included in the packages.

Refer to the documentation of the individual packages for license restrictions and dependencies.

If downloads fail, reload this page, enable JavaScript, disable download managers, disable proxies, clear cache, use Firefox, reduce number and frequency of downloads. Please only download files manually as needed.

Use pip version 19.2 or newer to install the downloaded .whl files. This page is not a pip package index.

Many binaries depend on numpy+mkl and the current Microsoft Visual C++ Redistributable for Visual Studio 2015-2022 for Python 3, or the Microsoft Visual C++ 2008 Redistributable Package x64, x86, and SP1 for Python 2.7.

Install numpy+mkl before other packages that depend on it.

The binaries are compatible with the most recent official CPython distributions on Windows >=6.0. Chances are they do not work with custom Python distributions included with Blender, Maya, ArcGIS, OSGeo4W, ABAQUS, Cygwin, Pythonxy, Canopy, EPD, Anaconda, WinPython etc. Many binaries are not compatible with Windows XP, Windows 7, Windows 8, or Wine.

The packages are ZIP or 7z files, which allows for manual or scripted installation or repackaging of the content.

The files are provided "as is" without warranty or support of any kind. The entire risk as to the quality and performance is with you.

Index by date: numpy numexpr triangle astropy jsonobject intbitset annoy ahds aggdraw hmmlearn hddm hdbscan glumpy pyfltk numpy-quaternion boost-histogram openexr naturalneighbor mahotas heatmap pycares xxhash fiona fpzip fasttext fastcluster scimath chaco traits enable python-lzo pyjnius pyicu pycifrw bsdiff4 pywinhook netcdf4 gdal pycuda sqlalchemy glfw glymur pystackreg pycryptosat bintrees biopython noise fastremap boost.python cupy xgboost igraph iminuit orjson maturin thinc preshed cymem spacy guiqwt nlopt dulwich jupyter cx_freeze dtaidistance hyperspy pyzmq mod_wsgi kiwisolver pyopencl mercurial peewee atom enaml pandas numcodecs param babel orange pymol-open-source pygresql openpiv cx_logging coverage scikit-image lfdfiles pymatgen

❶圖 5-2　主頁面

　　因為模組太多，按下 Ctrl + F 鍵來叫出搜尋框，並輸入「TA-Lib」，然後按下 Enter 鍵來找到 TA-Lib，會發現有很多的版本，而哪個版本才適合我們使用呢？

TA-Lib: a wrapper for the TA-LIB Technical Analysis Library.
TA_Lib-0.4.24-pp38-pypy38_pp73-win_amd64.whl
TA_Lib-0.4.24-cp310-cp310-win_amd64.whl
TA_Lib-0.4.24-cp310-cp310-win32.whl
TA_Lib-0.4.24-cp39-cp39-win_amd64.whl
TA_Lib-0.4.24-cp39-cp39-win32.whl
TA_Lib-0.4.24-cp38-cp38-win_amd64.whl
TA_Lib-0.4.24-cp38-cp38-win32.whl
TA_Lib-0.4.24-cp37-cp37m-win_amd64.whl
TA_Lib-0.4.24-cp37-cp37m-win32.whl
TA_Lib-0.4.19-cp36-cp36m-win_amd64.whl
TA_Lib-0.4.19-cp36-cp36m-win32.whl
TA_Lib-0.4.17-cp35-cp35m-win_amd64.whl
TA_Lib-0.4.17-cp35-cp35m-win32.whl
TA_Lib-0.4.17-cp34-cp34m-win_amd64.whl
TA_Lib-0.4.17-cp34-cp34m-win32.whl
TA_Lib-0.4.17-cp27-cp27m-win_amd64.whl
TA_Lib-0.4.17-cp27-cp27m-win32.whl

❶圖 5-3　不同版本的 TA-Lib

在這個網站裡的協力廠商模組命名是有規則的：

❏ **TA-Lib**：模組名。

❏ **0.4.xx**：該模組的版本號。

❏ **cp3x-cp3x**：對應 python 版本號。

❏ **win_amd64**：指 windows 64 版。

❏ **win32**：指 windows 32 版。

由於我們使用的是 Python 3.10.x 版本，所以要找 cp310 的版本，建議直接下載 64 位元版本，也就是 TA-Lib-0.4.24-cp310-cp310-win_amd64.whl。下載完成後，把它拷貝或移動到當前專案的目錄下。

名稱	修改日期	類型	大
.idea	2022/9/30 下午 04:44	檔案資料夾	
__pycache__	2022/11/4 下午 02:01	檔案資料夾	
backtest.py	2022/10/12 下午 05:54	JetBrains PyCharm	
binance_real.py	2022/10/15 下午 09:40	JetBrains PyCharm	
main.py	2022/10/4 下午 10:29	JetBrains PyCharm	
pandas.py	2022/11/4 下午 02:04	JetBrains PyCharm	
pandas_examp.py	2022/11/4 下午 02:09	JetBrains PyCharm	
report.csv	2022/10/31 下午 05:49	Microsoft Excel 逗...	
TA_Lib-0.4.24-cp310-cp310-win_amd64....	2022/10/5 下午 10:34	WHL 檔案	

⋒ **圖 5-4　將 TA-Lib 拷貝到專案下**

STEP **03** 這時就可以透過終端再次安裝 TA-Lib，安裝 whl 檔案和線上安裝是一樣的，只要直接指定要安裝的 whl 即可。

```
pip install TA_Lib-0.4.24-cp310-cp310-win_amd64.whl
```

```
(futures_exam) D:\futures\futures_get_prices>pip install TA_Lib-0.4.24-cp310-cp310-win_amd64.whl
Processing d:\futures\futures_get_prices\ta_lib-0.4.24-cp310-cp310-win_amd64.whl
Requirement already satisfied: numpy in d:\futures_exam\lib\site-packages (from TA-Lib==0.4.24) (1.23.3)
Installing collected packages: TA-Lib
Successfully installed TA-Lib-0.4.24

(futures_exam) D:\futures\futures_get_prices>
```

⋒ **圖 5-5　正常安裝 TA-Lib**

STEP **04** 試看看是否確實已正常安裝了，程式中先匯入 TA-Lib，這時會發現有錯誤。

```
1    from binance.um_futures import UI  1
2    import logging
3    from binance.error import ClientError
4    import pandas as pd
5    import time
6    from datetime import datetime
7    import talib
```

🎧圖 5-6　**匯入 Talb 報錯**

模組名稱下方出現紅色底線表示匯入錯誤，如果你沒有這個狀況，則恭喜你已經成功安裝 TA-Lib 了。

STEP **05** 如果和筆者出現一樣的狀況也不用慌，這主要是因為在電腦裡有多個版本的 Python 所導致的，像是筆者有 3.8 / 3.9 / 3.10 三個版本。要解決安裝問題，可以透過「py - 版號 - 位元 -m pip install」指令去指定 Python 版本進行安裝，這裡我們指定 3.10 的版本。

```
py -3.10-64 -m pip install TA_Lib-0.4.24-cp310-cp310-win_amd64.whl
```

```
(futures_exam) D:\futures\futures_get_prices>py -3.10-64 -m pip install TA_Lib-0.4.24-cp310-cp310-win_amd64.whl
Processing d:\futures\futures_get_prices\ta_lib-0.4.24-cp310-cp310-win_amd64.whl
Collecting numpy
  Using cached numpy-1.23.3-cp310-cp310-win_amd64.whl (14.6 MB)
Installing collected packages: numpy, TA-Lib
Successfully installed TA-Lib-0.4.24 numpy-1.23.3
```

🎧圖 5-7　**指定 Python 版本安裝** TA-Lib

STEP **06** 指定版本安裝後，我們可以簡單確認一下 TA-Lib 是否可以正常執行，我們用一個指令查看 TA-Lib 到底有多少的指標。

在 TA-Lib 中要輸出所有指標，可以用 talib.get_functions()，而要知道有多少個指標，則可以用 len() 把要知道長度的 list 資料傳入，廢話不多說，程式碼如下：

```
import talib

print(talib.get_functions())
print(len(talib.get_functions()))
```

```
D:\futures_exam\Scripts\python.exe D:/book/main.py
['HT_DCPERIOD', 'HT_DCPHASE', 'HT_PHASOR', 'HT_SINE', 'HT_TRENDMODE', 'ADD', 'DIV', 'MA
158
```

∩圖 5-8　執行結果

從輸出結果來看，TA-Lib 共有 158 種指標，要搞懂這些指標得要一些時間，而官網針對所有指標進行了分類，可方便讀者依分類學習。

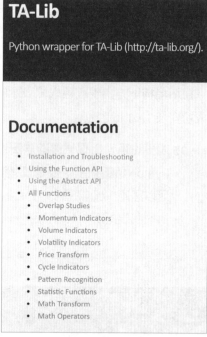

∩圖 5-9　指標分類

在官網上可清楚看到指標共被分成 10 類（有些並不是指標類函式）：

指標	名稱
Overlap Studies	重疊研究
Momentum Indicators	動量指標
Volume Indicators	量能指標
Volatility Indicators	波動率指標
Price Transform	價格轉換
Cycle Indicators	週期指標
Pattern Recognition	型態識別
Statistic Functions	統計函式

指標	名稱
Math Transform	數學變換
Math Operators	數學運算

針對指標進行介紹之前，程式碼中有三行指令請先略過：

```
finish_time = cal_timestamp(str(datetime.now()))
start_time = cal_timestamp('2019-01-01 0:0:0.0')
klines = get_history_klines(finish_time, start_time, '1d')
```

這三行指令會在第 6 章進行回測腳本實作時進行說明，本章則是介紹 TA-Lib 指標如何呼叫，且會回傳哪些值。

重疊研究（Overlap Studies）

BBANDS – Bollinger Bands（布林通道指標）

函式名	BBANDS
名稱	布林通道指標
簡介	布林通道是由均線和標準差組成的指標，共分成上軌線、中軌線和下軌線，中軌線是價格的移動平均線，一般設為 20 天，而上軌線可視為壓力線，通常是中軌線加 2 個標準差，下軌線則視為支撐線，是中軌線減 2 個標準差，上下軌線構成的區域就是布林通道。
計算	● 上軌 = 中軌 + 2 倍價格標準差 ● 中軌 = 20MA 移動平均線 ● 下軌 = 中軌 – 2 倍價格標準差 ● 帶寬（通道空間）=（上軌 – 下軌）/ 中軌

應用	一般把上軌視為壓力線，所以常見應用是價格接近上軌線或穿破上軌又跌落時進場空，待價格接近下軌時平倉，這種應用是在區間操作，如果區間過小就不適合了；也有人採用突破法，設定二組布林通道，當突破第一組上軌時買多，到第二組上軌時平倉。 應用方法依個人習慣採用，沒有任何限制，但單一指標的準確度有限，還是要配合其他指標會有較好的效果。
參數	● close：收盤價。 ● timeperiod：計算週期（天數），一般為 20。 ● nbdevup：上軌標準差倍數，一般為 2。 ● nbdevdn：下軌標準差倍數，一般為 2。 ● matype：平均線計算種類（共有 8 種），預設為 0。 　■ 0：SMA　　　　　　　■ 5：TRIMA 　■ 1：EMA　　　　　　　■ 6：KAMA 　■ 2：WMA　　　　　　　■ 7：MAMA 　■ 3：DEMA　　　　　　 ■ 8：T3 　■ 4：TEMA
回傳	upper、middle、lower

程式碼如下：

```
if __name__=='__main__':
    finish_time = cal_timestamp(str(datetime.now()))
    start_time = cal_timestamp('2019-01-01 0:0:0.0')
    klines = get_history_klines(finish_time, start_time, '1d')
    upper, middle, lower = talib.BBANDS(klines['Close'], 20, 2, 2, 0)
    print(upper)
    print('-------------------------')
    print(middle)
    print('-------------------------')
    print(lower)
```

　程式碼中，用了三個變數接收 BBANDS 回傳的上、中、下軌資料，而要了解差異可以輸出看看結果，如圖 5-10、圖 5-11、圖 5-12 所示。

```
D:\futures_exam\Scripts\python.exe D:/book/main.py
0                NaN
1                NaN
2                NaN
3                NaN
4                NaN
              ...
1071     1670.541664
1072     1680.136434
1073     1704.394838
1074     1722.701481
1075     1737.062237
Length: 1076, dtype: float64
----------------------
```

⋒圖 5-10　上軌資料

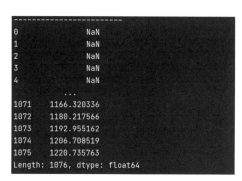

```
----------------------
0                NaN
1                NaN
2                NaN
3                NaN
4                NaN
              ...
1071     1418.431
1072     1430.177
1073     1448.675
1074     1464.705
1075     1478.899
Length: 1076, dtype: float64
```

⋒圖 5-11　中軌資料

```
----------------------
0                NaN
1                NaN
2                NaN
3                NaN
4                NaN
              ...
1071     1166.320336
1072     1180.217566
1073     1192.955162
1074     1206.708519
1075     1220.735763
Length: 1076, dtype: float64
```

⋒圖 5-12　下軌資料

　　這樣的輸出結果看起來很辛苦，無法直觀比對，所以我們可以先宣告一個空的 DataFame，命名為「bolling_data」，然後分別用 bolling_data['upper']、bolling_data['middle']、bolling_data['low'] 接收 BBANDS 回傳的三組資料值來輸出看效果。

　　修改後的程式碼：

```python
if __name__ =='__main__':
    finish_time = cal_timestamp(str(datetime.now()))
    start_time = cal_timestamp('2019-01-01 0:0:0.0')
    klines = get_history_klines(finish_time, start_time, '1d')

    bolling_data = pd.DataFrame()
    bolling_data['upper'], bolling_data['middle'], bolling_data['lower'] = \
        talib.BBANDS(klines['Close'], 20, 2, 2, 0)
    print(bolling_data)
```

```
D:\futures_exam\Scripts\python.exe D:/book/main.py
             upper      middle         lower
0              NaN         NaN           NaN
1              NaN         NaN           NaN
2              NaN         NaN           NaN
3              NaN         NaN           NaN
4              NaN         NaN           NaN
...            ...         ...           ...
1071   1670.541664    1418.431   1166.320336
1072   1680.136434    1430.177   1180.217566
1073   1704.394838    1448.675   1192.955162
1074   1722.701481    1464.705   1206.708519
1075   1737.536790    1479.051   1220.565210

[1076 rows x 3 columns]
```

♪圖 5-13　布林通道回傳組成的 DataFrame

　　執行後輸出的結果是不是變得更容易了解，上軌值 > 中軌值 > 下軌值是布林通道的特性，在結果中可確實看到此特性，同時也可觀察三軌數值變化的影響，以後 5 組值來看，布林通道在緩慢逐漸向上，當然若區間變窄就要小心操作。

　　可能有讀者反映「為什麼前面的數值都是 NaN」，這是因為週期設定為 20，第 0 筆要往前取 19 筆資料做計算，但並沒有前 19 筆資料，所以無法計算出正常值，便以 NaN 替代了，往後只要有週期參數的指標都會有這個問題，記住週期設定不要大於 K 棒數量。

　　圖 5-14 中將週期設定為 3，所以會看到前二筆的數值為 NaN，而正確的值是從第三筆開始。

```
D:\futures_exam\Scripts\python.exe D:/book/main.py
             upper      middle         lower
0              NaN         NaN           NaN
1              NaN         NaN           NaN
2       155.679611  152.470000    149.260389
3       155.452261  152.090000    148.727739
4       155.402526  152.146667    148.890807
...            ...         ...           ...
1071   1610.313385  1555.716667   1501.119948
1072   1593.917552  1541.803333   1489.689114
1073   1677.813086  1563.873333   1449.933580
1074   1700.075697  1600.156667   1500.237636
1075   1651.078419  1629.516667   1607.954915

[1076 rows x 3 columns]
```

♪圖 5-14　週期為 3 的布林通道

MA – Moving average（移動平均線）

函式名	MA
名稱	移動平均線
簡介	移動平均線簡稱為「均線」，代表過去一段時間內的平均成交價格，主要用來判斷趨勢，預期市場現在和未來的可能走勢。
計算	移動平均線 ＝ N 天收盤價加總 / N 天 可以透過不同的天數設定算出不同的移動平均線，作為壓力和支撐線段的判斷。 常用的均線： ● 5 日線。　　　　　　● 60 日線。 ● 10 日線。　　　　　● 120 日線。 ● 20 日線。　　　　　● 240 日線。
應用	● 短線、當沖者使用 5MA、10MA、20MA。 ● 波段交易者使用 5MA、10MA、20MA、60MA。 ● 中長期投資者用 20MA、60MA、120MA、240MA。
參數	● close：收盤價。 ● timeperiod：計算週期（天數）。
回傳	MA：平均線。

程式碼如下：

```python
if __name__=='__main__':
    finish_time = cal_timestamp(str(datetime.now()))
    start_time = cal_timestamp('2019-01-01 0:0:0.0')
    klines = get_history_klines(finish_time, start_time, '1d')

    MA_data = pd.DataFrame()
    MA_data['MA5'] = talib.MA(klines['Close'], 5)
    MA_data['MA10'] = talib.MA(klines['Close'], 10)
    MA_data['MA20'] = talib.MA(klines['Close'], 20)
    print(MA_data)
```

```
D:\futures_exam\Scripts\python.exe D:/book/main.py
           MA5       MA10      MA20
0          NaN       NaN       NaN
1          NaN       NaN       NaN
2          NaN       NaN       NaN
3          NaN       NaN       NaN
4       151.888      NaN       NaN
...        ...       ...       ...
1071    1575.172  1531.072  1418.4310
1072    1557.462  1549.827  1430.1770
1073    1568.302  1568.316  1448.6750
1074    1579.122  1574.382  1464.7050
1075    1587.512  1584.995  1479.1655

[1076 rows x 3 columns]
```

○圖 5-15　執行結果

● SMA – Simple Moving average（簡單移動平均線）

函式名	SMA
名稱	簡單移動平均線
簡介	又稱為「算術移動平均線」，將過去某特定時間內的價格取其平均值，然後將每日得到的平均值連成一線並隨時間移動。
計算	SMA = (C1 + C2 + C3 + C4 + C5) / 5 公式：SMA = (C1 + C2 +…+ Cn) / n C：每日收盤價。 n：移動平均線週期。
應用	● 短線、當沖者使用 5MA、10MA、20MA。 ● 波段交易者使用 5MA、10MA、20MA、60MA。 ● 中長期投資者用 20MA、60MA、120MA、240MA。
參數	● close：收盤價。 ● timeperiod：計算週期（天數）。
回傳	MA：平均線。

程式碼如下：

```
if __name__=='__main__':
    finish_time = cal_timestamp(str(datetime.now()))
    start_time = cal_timestamp('2019-01-01 0:0:0.0')
```

```
klines = get_history_klines(finish_time, start_time, '1d')

SMA_data = pd.DataFrame()
SMA_data['MA5'] = talib.SMA(klines['Close'], 5)
SMA_data['MA10'] = talib.SMA(klines['Close'], 10)
SMA_data['MA20'] = talib.SMA(klines['Close'], 20)
print(SMA_data)
```

```
D:\futures_exam\Scripts\python.exe D:/book/main.py
        SMA5      SMA10     SMA20
0        NaN       NaN       NaN
1        NaN       NaN       NaN
2        NaN       NaN       NaN
3        NaN       NaN       NaN
4    151.888       NaN       NaN
...      ...       ...       ...
1071 1575.172 1531.072 1418.4310
1072 1557.462 1549.827 1430.1770
1073 1568.302 1568.316 1448.6750
1074 1579.122 1574.382 1464.7050
1075 1588.748 1585.613 1479.4745

[1076 rows x 3 columns]
```

○圖 5-16　執行結果

　　從函式呼叫來看 MA 和 SMA 的呼叫方式是一樣的，從計算方式來看也是一樣的，但執行結果卻會有些微差異，具體有什麼不同，官網上沒有說明，網上也查不出二者的差異，所以這裡姑且還是介紹了一下用法，也請高手們多指教。

● EMA – Exponential Moving Average（指數移動平均線）

函式名	EMA
名稱	指數移動平均線
簡介	EMA 是以指數式遞減加權的移動平均線，越近的 K 棒加權越重，越遠的 K 棒則越低，和 SMA 相比，EMA 更能反應出近期價格的走勢。
計算	EMA =（當前 K 棒收盤價 - 上根 K 棒 EMA 值）/ N + 上根 EMA 值 目前有很多的計算公式說明，因為這裡我們只做簡單的介紹，不深入探究計算公式，所以只要了解原理即可。
應用	當確認為上漲趨勢後，可以運用 EMA 伺機入場，假設設定了 12 週期及 26 週期的 EMA，當短期均線上穿長期均線時，為買入時機。

參數	• close：收盤價。
	• timeperiod：計算週期（天數）。
回傳	EMA：平均線。

程式碼如下：

```
if __name__=='__main__':
    finish_time = cal_timestamp(str(datetime.now()))
    start_time = cal_timestamp('2019-01-01 0:0:0.0')
    klines = get_history_klines(finish_time, start_time, '1d')

    EMA_data = pd.DataFrame()
    EMA_data['EMA5'] = talib.EMA(klines['Close'], 5)
    EMA_data['EMA10'] = talib.EMA(klines['Close'], 10)
    EMA_data['EMA20'] = talib.EMA(klines['Close'], 20)
    print(EMA_data)
```

```
D:\futures_exam\Scripts\python.exe D:/book/main.py
          EMA5        EMA10        EMA20
0          NaN          NaN          NaN
1          NaN          NaN          NaN
2          NaN          NaN          NaN
3          NaN          NaN          NaN
4     151.888000       NaN          NaN
...        ...          ...          ...
1071  1549.489988  1518.019257  1460.225816
1072  1543.083325  1520.246665  1466.896691
1073  1576.752217  1542.763635  1483.772244
1074  1593.204811  1557.917519  1497.328221
1075  1604.486541  1570.487061  1509.682676

[1076 rows x 3 columns]
```

🎧 圖 5-17　執行結果

🔵 WMA – Weigted Moving Average（加權移動平均線）

函式名	WMA
名稱	加權移動平均線
簡介	對於要計算期間的價格，價格越接近於現在，比重就越大（越重視），對近期的價格變動更為敏銳，WMA 的權重是由近到遠的線性遞減，而 EMA 則是指數遞減。

計算	WMA = (C1 * 1 + C2 * 2 + C3 * 3 + C4 * 4 + C5 * 5) / 15
	也就是前 5 日收盤價分別乘上權重（近到遠逐一遞減）再除上權重總合
應用	<ul><li>上升趨勢中，WMA 可以確認中長期的看漲趨勢。</li><li>下跌趨勢中，WMA 可以確認中長期的看跌趨勢。</li><li>不同行情時，可以視為支撐價位或壓力價位。</li><li>當短週期 WMA 上漲破長週期時，WMA 呈黃金交叉時表示為上漲行情。</li><li>當短週期 WMA 下跌破長週期時，WMA 呈死亡交叉時表示為下跌行情。</li><li>下跌行情中，K 棒由下往上突破 WMA，可做多，止損設定為 WMA 指標上。</li><li>上漲行情中，K 棒由上往下跌破 WMA，可做空，止損設定為 WMA 指標上。</li><li>下跌行情中，K 棒由下往上接觸 WMA，但沒正式突破可持續做空，止損設定為 WMA 指標上。</li><li>上漲行情中，K 棒由上往下接觸 WMA，但沒正式跌破可持續做多，止損設定為 WMA 指標上。</li></ul>
參數	<ul><li>close：收盤價。</li><li>timeperiod：計算週期（天數）。</li></ul>
回傳	WMA：平均線。

程式碼如下：

```python
if __name__=='__main__':
    finish_time = cal_timestamp(str(datetime.now()))
    start_time = cal_timestamp('2019-01-01 0:0:0.0')
    klines = get_history_klines(finish_time, start_time, '1d')

    WMA_data = pd.DataFrame()
    WMA_data['WMA5'] = talib.WMA(klines['Close'], 5)
    WMA_data['WMA10'] = talib.WMA(klines['Close'], 10)
    WMA_data['WMA20'] = talib.WMA(klines['Close'], 20)
    print(WMA_data)
```

```
D:\futures_exam\Scripts\python.exe D:/book/main.py
           WMA5        WMA10        WMA20
0           NaN          NaN          NaN
1           NaN          NaN          NaN
2           NaN          NaN          NaN
3           NaN          NaN          NaN
4    151.698667          NaN          NaN
...         ...          ...          ...
1071 1560.830000  1555.872182  1480.191857
1072 1545.862667  1555.726364  1490.843190
1073 1574.738667  1572.865091  1511.215857
1074 1594.008000  1583.373091  1528.114429
1075 1609.930667  1592.920000  1543.560619

[1076 rows x 3 columns]
```

∩圖 5-18　執行結果

DEMA – Double Exponential Moving Average（雙指數移動平均線）

函式名	DEMA
名稱	雙指數移動平均線
簡介	DEMA 是 EMA 的改良版計算指標，與 EMA 相比，對於當前價格波動會更加敏感，所以可以更快的發現趨勢。
計算	DEMA = 2 * EMA(N) – EMA(EMA(N)) N 為週期。
應用	由於比 EMA 更貼近價格波動，所以可以幫助交易者發現當前的趨勢，經常會與其他指標和分析技術結合使用。
參數	● close：收盤價。 ● timeperiod：計算週期（天數）。
回傳	DEMA：平均線。

程式碼如下：

```
if __name__=='__main__':
    finish_time = cal_timestamp(str(datetime.now()))
    start_time = cal_timestamp('2019-01-01 0:0:0.0')
    klines = get_history_klines(finish_time, start_time, '1d')
```

```
DEMA_data = pd.DataFrame()
DEMA_data['DEMA5'] = talib.DEMA(klines['Close'], 5)
DEMA_data['DEMA10'] = talib.DEMA(klines['Close'], 10)
DEMA_data['DEMA20'] = talib.DEMA(klines['Close'], 20)
print(DEMA_data)
```

```
D:\futures_exam\Scripts\python.exe D:/book/main.py
            DEMA5        DEMA10       DEMA20
0             NaN          NaN          NaN
1             NaN          NaN          NaN
2             NaN          NaN          NaN
3             NaN          NaN          NaN
4             NaN          NaN          NaN
...           ...          ...          ...
1071   1560.686348  1584.744651  1533.963327
1072   1546.276457  1576.662594  1539.647135
1073   1601.326899  1607.345098  1564.862432
1074   1620.556329  1623.155531  1582.960465
1075   1630.180928  1634.111423  1598.317354

[1076 rows x 3 columns]
```

↑圖 5-19　DEMA 結果

TEMA – Triple Exponential Moving Averge（三次指數移動平均線）

函式名	TEMA
名稱	三次指數移動平均線
簡介	TEMA 可以幫助識別趨勢方向，發出潛在的短期趨勢變化或回調的訊號，並提供支撐或阻力，TEMA 可以和 DEMA 進行比較，關鍵要點是 TEMA 使用多個 EMA 計算，並減去滯後建立一個趨勢追蹤指標，該指標對價格變化做出快速反應。
計算	TEMA = 3 * EMA1 – 3 * EMA2 + EMA3 EMA1 = EMA EMA2 = EMA(EMA1) EMA3 = EMA(EMA2)
應用	• 如果價格高於平均線，然後跌破，可能表示上漲趨勢正在逆轉，或者是價格正在進入回調階段。 • 如果價格低於平均線，然後向上移動，表示價格正在上漲。 這種交叉訊息用於幫助決定進入或是退出的位置。

參數	• close：收盤價。
	• timeperiod：計算週期（天數）。
回傳	TEMA：平均線。

程式碼如下：

```
if __name__=='__main__':
    finish_time = cal_timestamp(str(datetime.now()))
    start_time = cal_timestamp('2019-01-01 0:0:0.0')
    klines = get_history_klines(finish_time, start_time, '1d')

    TEMA_data = pd.DataFrame()
    TEMA_data['TEMA5'] = talib.TEMA(klines['Close'], 5)
    TEMA_data['TEMA10'] = talib.TEMA(klines['Close'], 10)
    TEMA_data['TEMA20'] = talib.TEMA(klines['Close'], 20)
    print(TEMA_data)
```

```
D:\futures_exam\Scripts\python.exe D:/book/main.py
           TEMA5        TEMA10       TEMA20
0            NaN          NaN          NaN
1            NaN          NaN          NaN
2            NaN          NaN          NaN
3            NaN          NaN          NaN
4            NaN          NaN          NaN
...          ...          ...          ...
1071   1537.439913  1588.922393  1597.730524
1072   1525.443348  1571.645729  1596.448205
1073   1601.692527  1609.921282  1623.799359
1074   1622.651305  1625.800494  1640.393831
1075   1629.948380  1634.618802  1652.804536

[1076 rows x 3 columns]
```

⋂圖 5-20　執行結果

⬤ TRIMA – Triangular Moving Average（三角移動平均線）

函式名	TRIMA
名稱	三角移動平均線
簡介	TRIMA 也稱為「TMA」，它類似於其他移動平均線，因為它顯示了指定數量的資料點的平均價格，而不同處在於它是雙重平滑的，也就是說，進行了兩次平均。

計算	TRIMA = (SMA1 + SMA2 + …SMAn) / n
應用	• 在波動市場中，TRIMA 不會迅速做出反應，意味著你的 TRIMA 需要更長的時間才能改變方向，如果你要使用 TRIMA 作為交易訊號，可能會反應過慢。 • 如果價格在範圍內來回移動，TRIMA 將不會做出太多反應，因此能反應趨勢並沒有改變，需要更加持續的價格變動才能使 TRIMA 改變方向。 • TRIMA 是平均值的平均值，對價格的變化反應較慢，有時可以讓你保持更長的趨勢產生更大的利潤，但是當趨勢轉變時，則因為反應過慢，便可能放棄利潤了。
參數	• close：收盤價。 • timeperiod：計算週期（天數）。
回傳	TRIMA：平均線。

程式碼如下：

```python
if __name__=='__main__':
    finish_time = cal_timestamp(str(datetime.now()))
    start_time = cal_timestamp('2019-01-01 0:0:0.0')
    klines = get_history_klines(finish_time, start_time, '1d')

    TRIMA_data = pd.DataFrame()
    TRIMA_data['TRIMA5'] = talib.TRIMA(klines['Close'], 5)
    TRIMA_data['TRIMA10'] = talib.TRIMA(klines['Close'], 10)
    TRIMA_data['TRIMA20'] = talib.TRIMA(klines['Close'], 20)
    print(TRIMA_data)
```

```
D:\futures_exam\Scripts\python.exe D:/book/main.py
          TRIMA5       TRIMA10      TRIMA20
0            NaN          NaN          NaN
1            NaN          NaN          NaN
2            NaN          NaN          NaN
3            NaN          NaN          NaN
4     152.235556          NaN          NaN
...          ...          ...          ...
1071  1576.405556  1554.131000  1409.137000
1072  1559.148889  1565.879333  1431.322182
1073  1553.797778  1570.231000  1454.757545
1074  1568.611111  1572.029667  1477.061909
1075  1598.703333  1575.215000  1498.024455

[1076 rows x 3 columns]
```

❶ 圖 5-21　執行結果

KAMA – Kaufmans Adaptive Moving Average（考夫曼自適應移動平均線）

函式名	KAMA
名稱	考夫曼自適應移動平均線
簡介	KAMA 考慮到了市場價格變化速率，在普通均線的基礎上增加了平滑係數，並自適應動態調整均線的靈敏度，可以在慢速和快速趨勢間自我調整。
計算	KAMA = 上一根 K 棒的 KAMA + 係數 *（價格 - 上一根 K 棒的 KAMA) 係數 = 平滑係數 * 平滑係數 平滑系收 = 效率係數 *（快速 – 慢速）+ 慢速
計算	快速 = 2 /（n1 + 1） 慢速 = 2 /（n2 + 1） n1 和 n2 為交易週期數。 效率係數 = 價格變動值 / 價格波動值 價格變動值 = 價格 - n 日前價格的絕對值 價格波動值 = sum(abs(價格 - 上一根 K 棒價格)，n)
應用	● 當市場出現盤整且趨勢不明顯時，KAMA 傾向於慢速移動平均線。 ● 當市場波動較大且趨勢明顯時，KAMA 傾向於快速移動平均線。
參數	● close：收盤價。　　　　　　　● timeperiod：計算週期（天數）。
回傳	KAMA：平均線。

程式碼如下：

```
if __name__=='__main__':
    finish_time = cal_timestamp(str(datetime.now()))
    start_time = cal_timestamp('2019-01-01 0:0:0.0')
    klines = get_history_klines(finish_time, start_time, '1d')

    KAMA_data = pd.DataFrame()
    KAMA_data['KAMA5'] = talib.KAMA(klines['Close'], 5)
    KAMA_data['KAMA10'] = talib.KAMA(klines['Close'], 10)
    KAMA_data['KAMA20'] = talib.KAMA(klines['Close'], 20)
    print(KAMA_data)
```

```
D:\futures_exam\Scripts\python.exe D:/book/main.py
              KAMA5       KAMA10       KAMA20
0               NaN          NaN          NaN
1               NaN          NaN          NaN
2               NaN          NaN          NaN
3               NaN          NaN          NaN
4               NaN          NaN          NaN
...             ...          ...          ...
1071    1519.048798  1520.511474  1492.052344
1072    1521.706356  1521.319448  1494.581242
1073    1527.578426  1531.343436  1511.261804
1074    1532.290608  1533.548389  1521.730242
1075    1536.302455  1539.405009  1530.556680

[1076 rows x 3 columns]
```

⋒圖 5-22　執行結果

MAMA – MESA Adaptive Moving Average（MESA 自適應移動平均線）

函式名	MAMA
名稱	MESA 自適應移動平均線
簡介	MESA 自適應移動平均線（MESA）是一種指標，其特點是能夠適應相關資產的價格變動；為了確定價格變化率，MESA 自適應移動平均線使用希爾伯特變換鑑別器來確定平均值並發出市場趨勢信號。
應用	● 用於幾乎沒有洗盤交易的交易系統，因為平均回落速度很慢。 ● MAMA 本質上是週期性的，可以預測短期和中期市場走趨。 ● MAMA 和 FAMA 間的交叉類似於黃金或死亡交叉。 ● MAMA 從上方穿過 FAMA 且向下移動時，為看跌趨勢（死亡交叉）。 ● MAMA 從下方穿過 FAMA 且向上移動時，為看漲趨勢（黃金交叉）。
參數	● close：收盤價。　　　　● slowlimit：慢速預設為 0.05。 ● fastlimit：快速預設為 0.5。　● sequential：預設為 False。
回傳	● mama：MAMA 值。　　　● fama：FAMA 值。

程式碼如下：

```
if __name__=='__main__':
    finish_time = cal_timestamp(str(datetime.now()))
```

```
start_time = cal_timestamp('2019-01-01 0:0:0.0')
klines = get_history_klines(finish_time, start_time, '1d')


MAMA_data = pd.DataFrame()
MAMA_data['MAMA'], MAMA_data['FAMA'] = \
    talib.MAMA(klines['Close'], fastlimit=0.5, slowlimit=0.05)


print(MAMA_data)
```

```
D:\futures_exam\Scripts\python.exe D:/book/main.py
              MAMA           FAMA
0              NaN            NaN
1              NaN            NaN
2              NaN            NaN
3              NaN            NaN
4              NaN            NaN
...            ...            ...
1071   1522.015021    1408.654864
1072   1522.484576    1411.892264
1073   1528.564847    1414.809079
1074   1533.442105    1417.774904
1075   1580.551052    1458.468941

[1076 rows x 2 columns]
```

❶圖 5-23　執行結果

　　重疊研究中還有幾個指標，如 MIDPRICE（階段中點價格）、SAR（拋物線指標）、T3（三重移動平均線）、SAREXT（拋物線延伸指標）等，就不一一說明了。在本節中主要針對了布林帶和常用的移動平均線指標進行說明，接下來針對動量指標進行說明。

 ## 5/3　動量指標（Momentum Indicators）

　　「動量指標」是一種測量漲跌速率的技術指標，其主要是以價格波動為分析目的，觀察價格上漲、下跌的慣性，作為後續走勢的分析工具，TA-Lib 提供了如下表的指標型態。

函式名	全名	名稱
ADX	Average Directional Movement Index	平均趨向指標
ADXR	Average Directional Movement Index Rating	平均趨向指標評估
APO	Absolute Price Oscillator	絕對價格震盪指標
AROON	Aroon	阿隆指標
AROONOSC	Aroon Oscillator	阿隆震盪指標
BOP	Balance Of Power	均勢指標
CCI	Commodity Channel Index	順勢指標
CMO	Chande Momentum Oscillator	錢德動量震盪指標
DX	Directional Movement Index	動向指標 / 趨向指標
MACD	Moving Average Convergence/Divergence	指數平滑異同移動平均線
MACDEXT	MACD with controllable MA type	平滑異同移動平均線（可控制移動平均演算法）
MACDFIX	Moving Average Convergence/Divergence Fix 12/26	平滑異同移動平均線（固定快慢均線週期為 12/26）
MFI	Money Flow Index	資金流向指標
MINUS_DI	Minus Directional Indicator	下降動向值
MINUS_DM	Minus Directional Movememt	上升動向值
MOM	Momentum	動量
PLUS_DI	Plus Directional Indicator	加值方向指示器
PLUS_DM	Plus Directional Movement	加值動向值
PPO	Percentage Price Oscillator	價格震盪百分比
ROC	Rating of change：((price/prevPrice)-1)*100	變動率
ROCP	Rate of change Percentage：(price-prevPrice)/prevPrice	變動率百分比
ROCR	Rate of change ratio：(price/prevPrice)	變動率比例
ROCR100	Rate of change ratio 100 scale：(price/prevPrice)*100	變動率比例 100
RSI	Relative Strength Index	相對強弱指標
STOCH	Stochastic	隨機指標

函式名	全名	名稱
STOCHF	Stochastic Fast	隨機快速指標
STOCHRSI	Stochastic Relative Strength Index	隨機相對強弱指標
TRIX	1 day Rate of Change(ROC) of a Triple Smooth EMA	三重指數平滑移動平均指標
ULTOSC	Ultimate Oscillator	終極波動指標
WILLR	Williams'%R	威廉指標

⬤ ADX – Average Directional Indicator（平均趨向指標）

函式名	ADX
名稱	平均趨向指標
簡介	ADX 是種常用的趨勢衡量指標，其利用多空變化之差與總和來判定價格變動的平均趨勢，用來反映價格高低的趨勢轉折，但無法預測潛在目標價格。
含義	ADX 可以衡量趨勢的強度，取值介於 0-100 間；ADX 若超過 30，表示價格已進入趨勢，若低於 30，則表示在區間內波動；ADX 的值越大，表示價格趨勢越明顯。 ● 0-25：弱趨勢或橫盤整理。 ● 26-50：強趨勢。 ● 51-75：非常強。 ● 76-100：極強。 注意：ADX 為中性指標，走高不代表看漲，走低不代表看跌。
應用	● ADX 走高表示趨勢增強，走低表示趨勢減弱，只能衡量趨勢強弱不能判斷市場方向。 ● 需結合其他技術指標進行分析，建議在 ADX 高於 25 時才入場。
參數	● high：最高價。 ● low：最低價。 ● close：收盤價。 ● timeperiod：計算週期（天數），預設為 14 天。
回傳	real：ADX 值。

程式碼如下：

```
if __name__=='__main__':
    finish_time = cal_timestamp(str(datetime.now()))
    start_time = cal_timestamp('2019-01-01 0:0:0.0')
    klines = get_history_klines(finish_time, start_time, '1d')

    ADX_data = pd.DataFrame()
    ADX_data['ADX_Real'] = \
        talib.ADX(klines['High'], klines['Low'], klines['Close'],
timeperiod=14)

    print(ADX_data)
```

```
D:\futures_exam\Scripts\python.exe D:/book/main.py
        ADX_Real
0            NaN
1            NaN
2            NaN
3            NaN
4            NaN
...          ...
1071   30.171159
1072   29.103245
1073   29.510588
1074   29.888834
1075   30.057024

[1076 rows x 1 columns]
```

⋂圖 5-24　執行結果

⬤ ADXR – Average Directional Movement Index Rating（平均趨向指標評估）

函式名	ADXR
名稱	平均趨向指標評估
簡介	ADXR 是當日 ADX 與前面某一日的 ADX 平均值，ADXR 在高位和 ADX 同步下滑，可以增加對 ADX 調頭的儘早確認；ADXR 是 ADX 的附屬品，只能發出一種輔助和肯定的訊號，並不是進場的指標，若同時配合動向指標（DMI）的趨勢，才能做出買賣策略。

應用	• 當 ADXR 大於 25 時，可結合 DMI 作出進場的方法。
	• 當 ADXR 小於 20 時，跟隨 DMI 的進場方法會失效。
	• ADX 大於 ADXR，表示市場趨勢明顯，可以明確做出上漲或下跌的趨勢預測。
	• ADX 大於 ADXR 的值越高，表示市場的趨勢執行越快。
	• ADX 越接近 ADXR，表示市場趨勢越模糊，大多出現在 ADXR 小於 25 時。
參數	• high：最高價。
	• low：最低價。
	• close：收盤價
	• timeperiod：計算週期（天數），預設為 14 天。
回傳	real：ADXR 值。

程式碼如下：

```
if __name__=='__main__':
    finish_time = cal_timestamp(str(datetime.now()))
    start_time = cal_timestamp('2019-01-01 0:0:0.0')
    klines = get_history_klines(finish_time, start_time, '1d')

    ADXR_data = pd.DataFrame()
    ADXR_data['ADXR_Real'] = \
        talib.ADXR(klines['High'], klines['Low'], klines['Close'], timeperiod
=14)

    print(ADXR_data)
```

```
D:\futures_exam\Scripts\python.exe D:/book/main.py
      ADXR_Real
0          NaN
1          NaN
2          NaN
3          NaN
4          NaN
...        ...
1071  30.546901
1072  30.114725
1073  30.222155
1074  29.659862
1075  29.046213

[1076 rows x 1 columns]
```

⋒圖 5-25　執行結果

APO – Absolute Price Oscillator（絕對價格震盪指標）

函式名	APO
名稱	絕對價格震盪指標
簡介	APO 表示兩個移動平均值的差，類似於 MACD，只是在時間週期上更靈活。
應用	● 當 APO 上穿 0 時，為買入訊號。　　● 當 APO 下穿 0 時，為賣出訊號。
參數	● close：收盤價。 ● fastperiod：快週期（天數），預設為 12 天。 ● slowperiod：慢週期（天數），預設為 26 天。 ● matype：平均線型態，預設為 0。
回傳	real：APO 值。

程式碼如下：

```python
if __name__=='__main__':
    finish_time = cal_timestamp(str(datetime.now()))
    start_time = cal_timestamp('2019-01-01 0:0:0.0')
    klines = get_history_klines(finish_time, start_time, '1d')

    APO_data = pd.DataFrame()
    APO_data['APO'] = \
        talib.APO(klines['Close'], fastperiod=12, slowperiod=26, matype=0)

    print(APO_data)
```

```
D:\futures_exam\Scripts\python.exe D:/book/main.py
            APO
0           NaN
1           NaN
2           NaN
3           NaN
4           NaN
...         ...
1071  108.345449
1072  118.145833
1073  129.168718
1074  139.840321
1075  140.604295

[1076 rows x 1 columns]
```

∩ 圖 5-26　執行結果

AROON – Aroon（阿隆指標）

函式名	AROON
名稱	阿隆指標
簡介	AROON 透過計算自價格達到近期最高值和最低值以來所經過的期間數，幫助投資者預測價格從趨勢到區間或反轉的變化。
應用	• 當 Up 線達到 100 時，市場處於強勢；70-100 間表示為一個上升趨勢。 • 當 Down 線達到 0 時，市場處於弱勢；0-30 間表示處於下跌趨勢。 • Up 和 Down 處於極值水準，則表示有一個更強的趨勢。 • Up 和 Down 處於平行時，表示市場趨勢被打破。 • 當下行上穿上行時，為潛在弱勢，預期價格將走低。 • 當上行上穿下行時，為潛在強勢，預期價格將走高。
參數	• high：最高價。 • low：最低價。 • timeperiod：時間週期（天數），預設為 14 天。
回傳	aroondown、aroonup

程式碼如下：

```
if __name__=='__main__':
    finish_time = cal_timestamp(str(datetime.now()))
    start_time = cal_timestamp('2019-01-01 0:0:0.0')
    klines = get_history_klines(finish_time, start_time, '1d')

    AROON_data = pd.DataFrame()
    AROON_data['AROONDOWN'], AROON_data['AROONUP'] = \
        talib.AROON(klines['High'], klines['Low'], timeperiod=14)

    print(AROON_data)
```

```
D:\futures_exam\Scripts\python.exe D:/book/main.py
        AROONDOWN      AROONUP
0             NaN          NaN
1             NaN          NaN
2             NaN          NaN
3             NaN          NaN
4             NaN          NaN
...           ...          ...
1071    14.285714    71.428571
1072     7.142857    64.285714
1073     0.000000   100.000000
1074     0.000000    92.857143
1075     0.000000    85.714286

[1076 rows x 2 columns]
```

○圖 5-27　執行結果

● AROONOSC – Aroon Oscillator（阿隆震盪指標）

函式名	AROONOSC
名稱	阿隆震盪指標
簡介	AROONOSC 是一個趨勢追蹤指標，使用 AROON 來測量當前趨勢的強度以及將要繼續的可能性。
應用	● AROON 的 Up – Down，如果大於 0，表示存在一個上升趨勢。 ● AROON 的 Up – Down，如果小於 0，表示存在一個下跌趨勢。
參數	● high：最高價。 ● low：最低價。 ● timeperiod：時間週期（天數），預設為 14 天。
回傳	AROONOSC

程式碼如下：

```python
if __name__=='__main__':
    finish_time = cal_timestamp(str(datetime.now()))
    start_time = cal_timestamp('2019-01-01 0:0:0.0')
    klines = get_history_klines(finish_time, start_time, '1d')

    AROONOSC_data = pd.DataFrame()
    AROONOSC_data['AROONOSC'] = \
        talib.AROONOSC(klines['High'], klines['Low'], timeperiod=14)
```

```
print(AROONOSC_data)
```

```
D:\futures_exam\Scripts\python.exe D:/book/main.py
        AROONOSC
0            NaN
1            NaN
2            NaN
3            NaN
4            NaN
...          ...
1071   57.142857
1072   57.142857
1073  100.000000
1074   92.857143
1075   85.714286

[1076 rows x 1 columns]
```

⋒ 圖 5-28　執行結果

● BOP – Balance Of Power（均勢指標）

函式名	BOP
名稱	均勢指標
簡介	BOP 表示波動模式中的高點和低點，這些標記表示時間和價格，讓投資者可以衡量買入和賣出壓力的強度，通常在 -1 至 1 間震盪。
應用	BOP 為短期交易策略，因為 BOP 在長時間內使用時並不十分準確。
參數	● open：開盤價。　● high：最高價。　● low：最低價。　● close：收盤價。
回傳	BOP

程式碼如下：

```
if __name__=='__main__':
    finish_time = cal_timestamp(str(datetime.now()))
    start_time = cal_timestamp('2019-01-01 0:0:0.0')
    klines = get_history_klines(finish_time, start_time, '1d')

    BOP_data = pd.DataFrame()
    BOP_data['BOP'] = \
```

```
        talib.BOP(klines['Open'], klines['High'], klines['Low'], klines
['Close'])

    print(BOP_data)
```

```
D:\futures_exam\Scripts\python.exe D:/book/main.py
              BOP
0       0.212863
1      -0.376855
2       0.562044
3      -0.550091
4      -0.104286
...          ...
1071   -0.498930
1072    0.295212
1073    0.750693
1074   -0.384797
1075   -0.151638

[1076 rows x 1 columns]
```

↻圖 5-29　執行結果

CCI – Commodity Channel Index（順勢指標）

函式名	CCI
名稱	順勢指標
簡介	CCI 主要用來測量價格是否已超出常態分布範圍，屬於超買超賣類指標的一種，有 0-100 的上下界限。
應用	● 當 CCI > +100 時，表示價格已進入非常態區間 - 超買區間，應關注價格異動。 ● 當 CCI < -100 時，表示價格已進入非常態區間 - 超賣區間，可逢低買入。 ● 當 CCI 介於 -100 ~ 100，表示價格處於窄幅振盪整理區間 - 常態區間，觀望為主。
參數	● high：最高價。 ● low：最低價。 ● close：收盤價。 ● timeperiod：時間週期（天數），預設為 14 天。
回傳	CCI

程式碼如下：

```
if __name__=='__main__':
    finish_time = cal_timestamp(str(datetime.now()))
    start_time = cal_timestamp('2019-01-01 0:0:0.0')
    klines = get_history_klines(finish_time, start_time, '1d')

    CCI_data = pd.DataFrame()
    CCI_data['CCI'] = \
        talib.CCI(klines['High'], klines['Low'], klines['Close'], timeperiod
=14)

    print(CCI_data)
```

```
D:\futures_exam\Scripts\python.exe D:/book/main.py
              CCI
0             NaN
1             NaN
2             NaN
3             NaN
4             NaN
...           ...
1071    46.646353
1072    32.547715
1073    84.710864
1074   105.379022
1075    85.481395

[1076 rows x 1 columns]
```

♦圖 5-30　執行結果

CMO – Chande Momentum Oscillator（錢德動量震盪指標）

函式名	CMO
名稱	錢德動量震盪指標
簡介	CMO 與其他指標如 RSI 和 KDJ 不同，CMO 在計算公式的分子中，採用上漲日和下跌日的資料。
應用	• CMO > 50 屬於超買狀態。 • CMO < 50 屬於超賣狀態。 • CMO 的絕對值越高，趨勢越強。 • CMO 的絕對值趨近於 0，表示在水準方向波動。

參數	• close：收盤價。
	• timeperiod：時間週期（天數），預設為 14 天。
回傳	CMO

程式碼如下：

```
if __name__=='__main__':
    finish_time = cal_timestamp(str(datetime.now()))
    start_time = cal_timestamp('2019-01-01 0:0:0.0')
    klines = get_history_klines(finish_time, start_time, '1d')

    CMO_data = pd.DataFrame()
    CMO_data['CMO'] = \
        talib.CMO(klines['Close'], timeperiod=14)

    print(CMO_data)
```

```
D:\futures_exam\Scripts\python.exe D:/book/main.py
          CMO
0         NaN
1         NaN
2         NaN
3         NaN
4         NaN
...       ...
1071  16.008238
1072  18.231374
1073  34.552453
1074  30.133621
1075  29.135350

[1076 rows x 1 columns]
```

⋒ 圖 5-31　執行結果

⬤ DX – Directional Movement Index（動向指標或趨向指標）

函式名	DX
名稱	動向指標或趨向指標
簡介	DX 基本原理是價格在上漲及下跌過程中，藉創新高價或新低價的動能，研判多空買賣力道，藉以尋求多空雙方力道的均衡點，以及價格在多空雙方互動下，波動的趨勢循環。

應用	• +DI 與 -DI 表示多空相反的二個動向，當曲線彼此相纏時，表示上漲下跌力道相當。
	• 當 +DI 與 -DI 彼此穿越時，由下往上的一方的力道開始壓過由上往下的另一方，此時出現買賣訊號。
參數	• high：最高價。
	• low：最低價。
	• close：收盤價。
	• timeperiod：時間週期（天數），預設為 14 天。
回傳	DX

程式碼如下：

```python
if __name__=='__main__':
    finish_time = cal_timestamp(str(datetime.now()))
    start_time = cal_timestamp('2019-01-01 0:0:0.0')
    klines = get_history_klines(finish_time, start_time, '1d')

    DX_data = pd.DataFrame()
    DX_data['DX'] = \
        talib.DX(klines['High'], klines['Low'], klines['Close'], timeperiod
=14)

    print(DX_data)
```

```
D:\futures_exam\Scripts\python.exe D:/book/main.py
            DX
0          NaN
1          NaN
2          NaN
3          NaN
4          NaN
...        ...
1071  15.220358
1072  15.220358
1073  34.806042
1074  34.806042
1075  32.243489

[1076 rows x 1 columns]
```

⋒圖 5-32　執行結果

MACD – Moving Average Convergence / Divergence（指數平滑異同移動平均線）

函式名	MACD
名稱	指數平滑異同移動平均線
簡介	MACD用於研判價格變化的強度、方向、能量及趨勢週期，找出價格支撐和壓力位，以便把握買進和賣出的時機。
應用	<ul><li>DIFF、DEA 均為正，DIFF 向上突破 DEA 為買入訊號。</li><li>DIFF、DEA 均為負，DIFF 向下突破 DEA 為賣出訊號。</li><li>DEA 線與 K 線發生背離，為行情反轉訊號。</li><li>MACD 柱狀線由正變負為賣出訊號。</li><li>MACD 柱狀線由負變正為買入訊號。</li></ul>
參數	<ul><li>close：收盤價。</li><li>fastperiod：快週期（天數），預設為 12 天。</li><li>slowperiod：慢週期（天數），預設 26 天。</li><li>signalperiod：訊號週期，預設為 9。</li></ul>
回傳	Macd（diff 差離值）、macdsignal（dea 訊號線）、macdhist（macd）

程式碼如下：

```python
if __name__ =='__main__':
    finish_time = cal_timestamp(str(datetime.now()))
    start_time = cal_timestamp('2019-01-01 0:0:0.0')
    klines = get_history_klines(finish_time, start_time, '1d')

    MACD_data = pd.DataFrame()
    MACD_data['DIFF'], MACD_data['DEA'], MACD_data['MACD'] = \
        talib.MACD(klines['Close'], fastperiod=12, slowperiod=26,
signalperiod=9)

    print(MACD_data)
```

```
D:\futures_exam\Scripts\python.exe D:/book/main.py
              DIFF         DEA       MACD
0              NaN         NaN        NaN
1              NaN         NaN        NaN
2              NaN         NaN        NaN
3              NaN         NaN        NaN
4              NaN         NaN        NaN
...            ...         ...        ...
1071     60.946026   41.592508  19.353517
1072     58.560617   44.986130  13.574487
1073     65.104008   49.009706  16.094302
1074     68.054368   52.818638  15.235730
1075     69.106937   56.076298  13.030639

[1076 rows x 3 columns]
```

🎧圖 5-33　執行結果

🔘 MFI – Money Flow Index（資金流向指標）

函式名	MFI
名稱	資金流向指標
簡介	MFI 是一種交易量指標，是在 RSI 指標基礎上修改而來的，是價和量的結合，數值在 0-100 之間，可以用來識別超買超賣訊號。
應用	• MFI > 80 時，會是超買訊號。 • MFI < 20 時，會是超賣訊號。 • 超買超賣還要結合 K 線型態加以分析確認。
參數	• high：最高價。 • low：最低價。 • close：收盤價。 • volume：交易量。 • timeperiod：時間週期（天數），預設為 14 天。
回傳	MFI

程式碼如下：

```python
if __name__=='__main__':
    finish_time = cal_timestamp(str(datetime.now()))
    start_time = cal_timestamp('2019-01-01 0:0:0.0')
    klines = get_history_klines(finish_time, start_time, '1d')
```

```
MFI_data = pd.DataFrame()
MFI_data['MFI'] = \
    talib.MFI(
        klines['High'],
        klines['Low'],
        klines['Close'],
        klines['Volume'],
        timeperiod=14)


print(MFI_data)
```

```
D:\futures_exam\Scripts\python.exe D:/book/main.py
              MFI
0             NaN
1             NaN
2             NaN
3             NaN
4             NaN
...           ...
1071    57.630299
1072    57.388730
1073    64.640297
1074    65.043915
1075    62.861302

[1076 rows x 1 columns]
```

⋒圖 5-34　執行結果

● MINUS_DI – Minus Directional Indicator（下降動向值）

函式名	MINUS_DI
名稱	下降動向值
簡介	透過分析價格在漲跌過程中買賣雙方力量均衡點的變化情況，即多空雙方的加量變化受價格波動的影響而發生由均衡到失衡的循環過程，從而提供對趨勢判斷依據的一種技術指標。
參數	● high：最高價。 ● low：最低價。 ● close：收盤價。 ● timeperiod：時間週期（天數），預設為 14 天。
回傳	MINUS_DI

程式碼如下：

```
if __name__=='__main__':
    finish_time = cal_timestamp(str(datetime.now()))
    start_time = cal_timestamp('2019-01-01 0:0:0.0')
    klines = get_history_klines(finish_time, start_time, '1d')

    MINUS_DI_data = pd.DataFrame()
    MINUS_DI_data['MINUS_DI'] = \
        talib.MINUS_DI(
            klines['High'],
            klines['Low'],
            klines['Close'],
            timeperiod=14)

    print(MINUS_DI_data)
```

```
D:\futures_exam\Scripts\python.exe D:/book/main.py
        MINUS_DI
0           NaN
1           NaN
2           NaN
3           NaN
4           NaN
...         ...
1071   17.765889
1072   17.041766
1073   14.805845
1074   14.188370
1075   15.001936

[1076 rows x 1 columns]
```

⋒圖 5-35　執行結果

⬤ MINUS_DM – Minus Directional Movememt（上升動向值）

函式名	MINUS_DM
名稱	上升動向值
簡介	透過分析價格在漲跌過程中買賣雙方力量均衡點的變化情況，即多空雙方的力量的變化受價格波動的影響而發生由均衡到失衡的循環過程，從而提供對趨勢判斷依據的一種技術指標。

參數	• high：最高價。
	• low：最低價。
	• timeperiod：時間週期（天數），預設為 14 天。
回傳	MINUS_DM

程式碼如下：

```
if __name__=='__main__':
    finish_time = cal_timestamp(str(datetime.now()))
    start_time = cal_timestamp('2019-01-01 0:0:0.0')
    klines = get_history_klines(finish_time, start_time, '1d')

    MINUS_DM_data = pd.DataFrame()
    MINUS_DM_data['MINUS_DM'] = \
        talib.MINUS_DM(
            klines['High'],
            klines['Low'],
            timeperiod=14)

    print(MINUS_DM_data)
```

```
D:\futures_exam\Scripts\python.exe D:/book/main.py
        MINUS_DM
0            NaN
1            NaN
2            NaN
3            NaN
4            NaN
...          ...
1071  198.434477
1072  184.260585
1073  171.099115
1074  158.877750
1075  160.729339

[1076 rows x 1 columns]
```

↑圖 5-36　執行結果

MOM – Momentum（動量）

函式名	MOM
名稱	動量
簡介	主要是用來觀察價格走勢的變化幅度，以及行情的趨動方向。
應用	• 短線行情：12 日 MOM 上升至 +1 時，價格回檔。 • 短線行情：12 日 MOM 下跌至 -1 時，價格反彈。 • 中期趨勢：12 日 MOM > +2 時，通常為上升波段結束的時機。 • 中期趨勢：12 日 MOM < -2 時，通常為下跌波段結束的時機。 • 12 日 MOM > +3 為極端行情，視為強勢多頭格局，持有不必過早賣出，可等待 MOM 一波頂比一波頂低，而與價格走勢背離時，再賣出不遲。 • 12 日 MOM < -3 為極端行情，視為極弱勢空頭格局，可等待 MOM 一波頂比一波頂高，而與價格走勢背離時，再擇機進場買入。
參數	• close：收盤價。 • timeperiod：時間週期（天數），預設為 10 天。
回傳	MOM

程式碼如下：

```
if __name__=='__main__':
    finish_time = cal_timestamp(str(datetime.now()))
    start_time = cal_timestamp('2019-01-01 0:0:0.0')
    klines = get_history_klines(finish_time, start_time, '1d')


    MOM_data = pd.DataFrame()
    MOM_data['MOM'] = \
        talib.MOM(
            klines['Close'],
            timeperiod=14)


    print(MOM_data)
```

```
D:\futures_exam\Scripts\python.exe D:/book/main.py
          MOM
0         NaN
1         NaN
2         NaN
3         NaN
4         NaN
...       ...
1071   232.81
1072   248.07
1073   345.01
1074   312.92
1075   249.58

[1076 rows x 1 columns]
```

⋒圖 5-37 執行結果

🔵 PPO – Percentage Price Oscillator（價格震盪百分比）

函式名	PPO
名稱	價格震盪百分比
簡介	PPO 是和 MACD 指標非常接近的指標；PPO 標準設定和 MACD 設定非常相似：12、26、9 和 MACD 一樣說明了兩條移動平均線的差距，但是它們有一個差別是 PPO 以百分比來說明。
應用	● PPO 反映了兩條移動平均線的收斂、合流和背離。 ● 當較短均線位於較長均線之上時，PPO 為正反映了強勁的上漲動力。 ● 當較短均線位於較長均線之下時，PPO 為負反映了強勁的下跌趨勢。
參數	● close：收盤價。 ● fastperiod：快週期（天數），預設為 12 天。 ● slowperiod：慢週期（天數），預設為 26 天。 ● matype：移動平均線種類，預設為 SMA。
回傳	PPO

程式碼如下：

```
if __name__=='__main__':
    finish_time = cal_timestamp(str(datetime.now()))
    start_time = cal_timestamp('2019-01-01 0:0:0.0')
    klines = get_history_klines(finish_time, start_time, '1d')
```

```
PPO_data = pd.DataFrame()
PPO_data['PPO'] = \
    talib.PPO(
        klines['Close'],
        fastperiod=12,
        slowperiod=26,
        matype=0)

print(PPO_data)
```

```
D:\futures_exam\Scripts\python.exe D:/book/main.py
           PPO
0          NaN
1          NaN
2          NaN
3          NaN
4          NaN
...        ...
1071  7.791271
1072  8.445684
1073  9.152758
1074  9.818876
1075  9.740377

[1076 rows x 1 columns]
```

🎧圖 5-38　執行結果

● ROC – Rating of change：((price/prevPrice)-1) * 100（變動率）

函式名	ROC
名稱	變動率
簡介	ROC 被歸類為動量指標或速度指標，透過變化率來衡量價格動量的強弱，它以 0 線為中心上下波動，用來觀察出價格走勢，並識別超買和超賣的情況。
應用	• 0 線上升或下降：價格變化率上升到 0 線以上，通常是上升趨勢；0 線以下，則是下跌趨勢。 • 0 線附近徘徊：價格處於盤整狀態時，需結合整體價格趨勢判斷走向。 • 0 線交叉：可以用來作為趨勢變化的信號。

應用	• ROC 背離：比較過去一段時間的價格和 ROC 走勢，如果漲勢很強，但 ROC 趨緩，表示漲勢趨緩；反之，跌勢出現 ROC 背離，代表跌勢趨緩。
參數	• close：收盤價。 • timeperiod：時間週期（天數），預設為 10 天。
回傳	PPO

程式碼如下：

```python
if __name__=='__main__':
    finish_time = cal_timestamp(str(datetime.now()))
    start_time = cal_timestamp('2019-01-01 0:0:0.0')
    klines = get_history_klines(finish_time, start_time, '1d')

    ROC_data = pd.DataFrame()
    ROC_data['ROC'] = \
        talib.ROC(
            klines['Close'],
            timeperiod=10)


    print(ROC_data)
```

```
D:\futures_exam\Scripts\python.exe D:/book/main.py
          ROC
0         NaN
1         NaN
2         NaN
3         NaN
4         NaN
...       ...
1071  11.281758
1072  13.967916
1073  12.670641
1074   3.874924
1075   6.922111

[1076 rows x 1 columns]
```

❶圖 5-39　執行結果

RSI – Relative Strength Index（相對強弱指標）

函式名	RSI
名稱	相對強弱指標
簡介	RSI 是透過比較一段時間內的平均收盤漲數和平均收盤跌數來分析市場的意向和實力，從而作出來市場的走勢。
應用	● RSI 在 0-100 間。 ● RSI 保持高於 50，表示為強勢市場。 ● RSI 保持低於 50，表示為弱勢市場。 ● RSI 多在 30-70 間波動，當指標上升到達 80 時，表示已有超買現象，一旦繼續上升超過 90 以上，則表示已是嚴重超買的警戒區，極可能在短期內反轉。 ● 當指標下降到 20 時，表示已有超賣現象，一旦繼續下降到 10 以下，則表示已是嚴重超賣的警戒區，極可能止跌回升。
參數	● close：收盤價。 ● timeperiod：時間週期（天數），預設為 14 天。
回傳	RSI

程式碼如下：

```
if __name__=='__main__':
    finish_time = cal_timestamp(str(datetime.now()))
    start_time = cal_timestamp('2019-01-01 0:0:0.0')
    klines = get_history_klines(finish_time, start_time, '1d')

    RSI_data = pd.DataFrame()
    RSI_data['RSI'] = \
        talib.RSI(
            klines['Close'],
            timeperiod=14)

    print(RSI_data)
```

```
D:\futures_exam\Scripts\python.exe D:/book/main.py
          RSI
0         NaN
1         NaN
2         NaN
3         NaN
4         NaN
...       ...
1071  58.004119
1072  59.115687
1073  67.276226
1074  65.066811
1075  64.066211

[1076 rows x 1 columns]
```

↑ 圖 5-40　執行結果

STOCH – Stochastic（隨機指標）

函式名	STOCH
名稱	隨機指標
簡介	STOCH 又稱為「KD」，藉由比較收盤價和價格的波動範圍，預測價格趨勢何時逆轉。
應用	• 當價格下跌、KD 指向上方（牛勢背離），且 K 線和 D 線在超賣區（低於 20%）發生交叉，為買入訊號。 • 當價格上漲、KD 指向下方（熊勢背離），且 K 線和 D 線在超買區（高於 80%）發生交叉，為賣出訊號。
參數	• high：最高價。 • low：最低價。 • close：收盤價。 • fastk_period：快週期，預設為 5 天。 • slowk_period：慢週期，預設為 3 天。 • slowk_matype：均線種類，預設為 0。
回傳	slowk、slowd

程式碼如下：

```
if __name__ == '__main__':
    finish_time = cal_timestamp(str(datetime.now()))
```

```
start_time = cal_timestamp('2019-01-01 0:0:0.0')
klines = get_history_klines(finish_time, start_time, '1d')


STOCH_data = pd.DataFrame()
STOCH_data['K'], STOCH_data['D'] = \
    talib.STOCH(
        klines['High'],
        klines['Low'],
        klines['Close'],
        fastk_period=5,
        slowk_period=3,
        slowd_matype=0)


print(STOCH_data)
```

```
D:\futures_exam\Scripts\python.exe D:/book/main.py
              K          D
0           NaN        NaN
1           NaN        NaN
2           NaN        NaN
3           NaN        NaN
4           NaN        NaN
...         ...        ...
1071  38.373299  53.923441
1072  28.379756  41.045288
1073  37.066433  34.606496
1074  57.137863  40.861351
1075  71.898356  55.367551

[1076 rows x 2 columns]
```

∩圖 5-41　執行結果

● STOCHRSI – Stochastic Relative Strength Index（隨機相對強弱指標）

函式名	STOCHRSI
名稱	隨機相對強弱指標
簡介	隨機相對強弱指數簡稱為「StochRSI」，是一種技術分析指標，用於確定資產是否處於超買或超賣狀態，也用於確定當前市場的態勢。

應用	• 20 或以下的數值代表可能發生超賣。 • 80 或以上的數值代表可能發生超買。 • 中心線作為支撐線時，且 STOCHRSI 線穩定移動到 50 以上且趨近於 80，表示繼續看漲或呈上升趨勢。 • 中心線作為壓力線時，且 STOCHRSI 線始終低於 50 以下且趨近於 20，表示看跌或呈下降趨勢。
參數	• close：收盤價。 • timeperiod：週期（天），預設為 14 天。 • fastk_period：快週期，預設為 5 天。 • fastd_period：慢週期，預設為 3 天。 • fastd_matype：均線種類，預設為 0。
回傳	fastk、fastd

程式碼如下：

```python
if __name__=='__main__':
    finish_time = cal_timestamp(str(datetime.now()))
    start_time = cal_timestamp('2019-01-01 0:0:0.0')
    klines = get_history_klines(finish_time, start_time, '1d')

    STOCHRSI_data = pd.DataFrame()
    STOCHRSI_data['fastK'], STOCHRSI_data['fastD'] = \
        talib.STOCHRSI(
            klines['Close'],
            timeperiod=14,
            fastk_period=5,
            fastd_period=3,
            fastd_matype=0)

    print(STOCHRSI_data)
```

```
D:\futures_exam\Scripts\python.exe D:/book/main.py
          fastK      fastD
0           NaN        NaN
1           NaN        NaN
2           NaN        NaN
3           NaN        NaN
4           NaN        NaN
...         ...        ...
1071   0.000000   4.045084
1072  11.532609   6.102319
1073 100.000000  37.177536
1074  76.171374  62.567994
1075  66.626672  80.932682

[1076 rows x 2 columns]
```

⋒圖 5-42　執行結果

● TRIX – 1 day Rate of Change(ROC) of a Triple Smooth EMA（三重指數平滑移動平均指標）

函式名	TRIX
名稱	三重指數平滑移動平均指標
簡介	TRIX 是根據移動平均線理論，對資料進行三次平滑處理，再根據這條移動平均線的變動情況來預測價格的長期走勢。
應用	• TRIX 常與一條 TRIX 的移動平均線（如 9 天）一起使用：當 TRIX 線從下向上突破信號線，預示著開始進入強勢拉升階段，投資者應及時買進。 • 當 TRIX 線向上突破 TRMA 線後，TRIX 線和信號線同時向上運動時，預示著價格強勢依舊，投資者應堅決持倉待漲。 • 當 TRIX 線在高位向下突破信號線，預示著強勢上漲行情已經結束，投資者應平倉，及時離場觀望。 • 當 TRIX 線向下突破信號線後，TRIX 線和信號線同時向下運動時，預示著盤勢弱勢特徵依舊，投資者應堅決持倉觀望。 • TRIX 指標不適用於對盤整行情的研判。
參數	• close：收盤價。 • timeperiod：週期（天），預設為 30 天。
回傳	TRIX

程式碼如下：

```
if __name__=='__main__':
    finish_time = cal_timestamp(str(datetime.now()))
    start_time = cal_timestamp('2019-01-01 0:0:0.0')
    klines = get_history_klines(finish_time, start_time, '1d')

    TRIX_data = pd.DataFrame()
    TRIX_data['TRIX'] = \
        talib.TRIX(
            klines['Close'],
            timeperiod=30)

    print(TRIX_data)
```

```
D:\futures_exam\Scripts\python.exe D:/book/main.py
           TRIX
0           NaN
1           NaN
2           NaN
3           NaN
4           NaN
...         ...
1071  -0.186167
1072  -0.162185
1073  -0.136670
1074  -0.110495
1075  -0.084219

[1076 rows x 1 columns]
```

⚙圖 5-43　執行結果

⬤ ULTOSC – Ultimate Oscillator（終極波動指標）

函式名	ULTOSC
名稱	終極波動指標
簡介	ULTOSC 是計算三個不同週期買賣壓的振盪指標，利用每個週期間的長短做加權，越靠近當日的資料，權重越大，所以終極指標較一般的均線敏感，能體現價格近期的變化趨勢，加強指標的可靠度。
應用	賣出訊號： ● 價格創新高點，ULTOSC 指標並未伴隨創新高，兩者產生「背離」時，是多頭趨勢即將結束的警告訊號。ULTOSC 指標必須曾下跌至 35 以下，其空頭「背離」訊號才可信任。

應用	• 多頭背離現象發生後，ULTOSC 指標向下跌破其背離區的 N 字波低點時，是中線賣出的確認訊號。 • ULTOSC 指標上升至 50~70 之間，隨後向下跌破 50 時，是短線賣出訊號。 • ULTOSC 指標上升至 70 以上，隨後又向下跌破 70 時，是中線賣出訊號。 買進訊號： • 價格創新低點，ULTOSC 指標並未伴隨創新低點，兩者產生「背離」時，是空頭趨勢即將結束的警告訊號。ULTOSC 指標最低必位於 50 之上，其多頭背離訊號才可信任。 • 空頭「背離」現象發生後，ULTOSC 指標向上突破其「背離」區的 N 字形高點時，是中線買進的確認訊號。 • 當 ULTOSC 向上突破 65 時，表示漲勢氣勢極強，是另一段延長波的開始。此時，可視為短線的投機性買進訊號。以此訊號買進之後，如果 ULTOSC 持續向上突破 70，則可以等待 ULTOSC 再度向下跌破 70 時賣出。或者，等待 ULTOSC 指標和價格產生多頭「背離」時，再賣出。 • ULTOSC 指標下跌至 35 以下，隨後向上回升突破 35 時，視為短線買進訊號。
參數	• high：最高價。 • low：最低價。 • close：收盤價。 • timeperiod1：週期（天），預設為 7 天。 • timeperiod2：週期（天），預設為 14 天。 • timeperiod3：週期（天），預設為 28 天。
回傳	ULTOSC

程式碼如下：

```
if __name__=='__main__':
    finish_time = cal_timestamp(str(datetime.now()))
    start_time = cal_timestamp('2019-01-01 0:0:0.0')
    klines = get_history_klines(finish_time, start_time, '1d')


    ULTOSC_data = pd.DataFrame()
    ULTOSC_data['ULTOSC'] = \
        talib.ULTOSC(
```

```
        klines['High'],
        klines['Low'],
        klines['Close'],
        timeperiod1=7,
        timeperiod2=14,
        timeperiod3=28,
    )

print(ULTOSC_data)
```

```
D:\futures_exam\Scripts\python.exe D:/book/main.py
         ULTOSC
0           NaN
1           NaN
2           NaN
3           NaN
4           NaN
...         ...
1071  43.951796
1072  45.916165
1073  48.054713
1074  43.939962
1075  44.066189

[1076 rows x 1 columns]
```

∩ 圖 5-44　執行結果

🔵 WILLR – Williams'%R（威廉指標）

函式名	WILLR
名稱	威廉指標
簡介	WILLR 指標是一個振盪指標，是依價格的擺動點來度量價格／指數是否處於超買或超賣的現象。它衡量多空雙方創出的峰值（最高價）距每天收市價的距離與一定時間內（如 7 天、14 天、28 天等）的價格波動範圍的比例，以提供出趨勢反轉的訊號。
應用	<ul><li>WILLR 的值越小，市場越由買方主導。</li><li>WILLR 的值越接近 0，市場由賣方主導。</li><li>超過 -20%，會被視為超買。</li><li>超過 -80%，會被視為超賣。</li><li>最好判斷趨勢是否同時逆轉。</li></ul>

參數	● high：最高價。
	● low：最低價。
	● close：收盤價。
	● timeperiod：週期（天），預設為 14 天。
回傳	WILLR

程式碼如下：

```
if __name__=='__main__':
    finish_time = cal_timestamp(str(datetime.now()))
    start_time = cal_timestamp('2019-01-01 0:0:0.0')
    klines = get_history_klines(finish_time, start_time, '1d')

    WILLR_data = pd.DataFrame()
    WILLR_data['WILLR'] = \
        talib.WILLR(
            klines['High'],
            klines['Low'],
            klines['Close'],
            timeperiod=14,
        )

    print(WILLR_data)
```

```
D:\futures_exam\Scripts\python.exe D:/book/main.py
          WILLR
0           NaN
1           NaN
2           NaN
3           NaN
4           NaN
...         ...
1071 -35.429257
1072 -32.309353
1073  -9.154072
1074 -13.980272
1075 -16.864063

[1076 rows x 1 columns]
```

∩ 圖 5-45　執行結果

量能指標（Volume Indicators）

量比價先行，對於成交量研究的重要性不言而喻，有效的量能技術研究是全面的、歷史的、動態的；量能技術指標就是透過動態分析成交量的變化，從真實的量能變化中找出莊家的意圖，從而達到安全跟莊、穩定獲利的投資目標，TA-Lib 提供了以下三個量能指標函式。

● AD – Chaikin A/D Line 累積 / 派發線（AD）

函式名	AD
名稱	累積 / 派發線（AD）
簡介	AD 是一個考慮到價格和成交量的指標，背後的信念是成交量變化先於價格，很多時候在價格開始上漲前，成交量會在之前大增，大部分資金流向指標的目的是想在價格變動前及早發現流入或流出的成交量增加。
應用	● AD 向上代表資金流入，存在價格繼續向上的動力。 ● AD 向下代表資金流出，存在價格繼續向下的動力。 ● 當價格走勢和 AD 出現背馳時，表示價格走勢有機會改變方向。
參數	● high：最高價。　　　　　● close：收盤價。 ● low：最低價。　　　　　　● volume：成交量。
回傳	AD

程式碼如下：

```
if __name__=='__main__':
    finish_time = cal_timestamp(str(datetime.now()))
    start_time = cal_timestamp('2019-01-01 0:0:0.0')
    klines = get_history_klines(finish_time, start_time, '1d')

    AD_data = pd.DataFrame()
    AD_data['AD'] = \
        talib.AD(
            klines['High'],
            klines['Low'],
```

```
        klines['Close'],
        klines['Volume'],
    )

print(AD_data)
```

```
D:\futures_exam\Scripts\python.exe D:/book/main.py
            AD
0      9.214670e+04
1      6.938276e+04
2      9.070806e+04
3     -4.763581e+04
4      1.383400e+05
...             ...
1071   2.745079e+08
1072   2.732313e+08
1073   2.779183e+08
1074   2.756848e+08
1075   2.757452e+08

[1076 rows x 1 columns]
```

∩圖 5-46　執行結果

ADOSC – Chaikin A/D Oscillator（蔡金震盪指標）

函式名	ADOSC
名稱	蔡金震盪指標
簡介	ADOSC 是在 AD 基礎上，把兩條不同週期的 EMA 均線應用於該指標上。然後，透過將 ADL 的長期 EMA 減去短期 EMA，得出 ADOSC 的值。最終，透過繪製一條在正負值之間波動的線來測量 ADL 量能。了解量能變化，可以幫助交易員或技術分析師預測趨勢變化，因為量能變化通常先於趨勢變化。
應用	• 以中間價為準，收盤價高於當日中間價，則當日成交量視為正值。 • 收盤價越接近當日最高價，則多頭力道越強。 • 收盤價低於當日中間價，則成交量視為負值。 • 收盤價越接近當日最低價，則空頭力道越強。
參數	• high：最高價。　　　　　　　• volume：成交量。 • low：最低價。　　　　　　　• fastperiod：快週期，預設為 3。 • close：收盤價。　　　　　　• slowperiod：慢週期，預設為 10。
回傳	ADOSC

程式碼如下：

```
if __name__=='__main__':
    finish_time = cal_timestamp(str(datetime.now()))
    start_time = cal_timestamp('2019-01-01 0:0:0.0')
    klines = get_history_klines(finish_time, start_time, '1d')

    ADOSC_data = pd.DataFrame()
    ADOSC_data['ADOSC'] = \
        talib.ADOSC(
            klines['High'],
            klines['Low'],
            klines['Close'],
            klines['Volume'],
            fastperiod=3,
            slowperiod=10
        )

    print(ADOSC_data)
```

```
D:\futures_exam\Scripts\python.exe D:/book/main.py
              ADOSC
0               NaN
1               NaN
2               NaN
3               NaN
4               NaN
...             ...
1071   -2.129541e+06
1072   -3.449463e+06
1073   -2.184535e+06
1074   -2.179112e+06
1075   -1.984204e+06

[1076 rows x 1 columns]
```

∩圖 5-47　執行結果

● OBV – On Balance Volume（能量潮指標）

函式名	OBV
名稱	能量潮指標

簡介	OBV 也有人稱之為「人氣指標」，是一種依據行情的漲跌來累計或刪去市場的成交量值，而以此累算值作為市場行情動能變化趨勢的指標。同時它也是一種將一根一根起起伏伏不易觀察的成交量圖，轉變而成較易觀看分析的連續線圖的一種指標。
應用	● OBV 線下降但價格上升，表示上升能量不足，可能隨時下跌，為賣出訊號。 ● OBV 線上升但價格小幅下跌，表示市場人氣旺盛，承接力較強，可能即將止跌回升。 ● OBV 線呈緩慢上升且價格同步上漲時，表示行情穩步向上，投資形勢尚可，應持股待漲。 ● OBV 線呈緩慢下降且價格同步下跌時，表示行情逐步下跌，投資形勢不佳，應賣出或觀望為主。
參數	● close：收盤價。 ● volume：成交量。
回傳	OBV

程式碼如下：

```
if __name__=='__main__':
    finish_time = cal_timestamp(str(datetime.now()))
    start_time = cal_timestamp('2019-01-01 0:0:0.0')
    klines = get_history_klines(finish_time, start_time, '1d')

    OBV_data = pd.DataFrame()
    OBV_data[OBV] = \
        talib.OBV(
            klines['Close'],
            klines['Volume'],
        )


    print(OBV_data)
```

```
D:\futures_exam\Scripts\python.exe D:/book/main.py
                OBV
0      1.159118e+05
1     -9.122300e+02
2      1.669939e+05
3     -2.034977e+05
4     -5.979919e+05
...             ...
1071   6.493562e+07
1072   6.975661e+07
1073   7.852993e+07
1074   7.552237e+07
1075   7.402377e+07

[1076 rows x 1 columns]
```

∩圖 5-48 執行結果

5／5 波動率指標（Volatility Indicators）

基於波動率的指標是有價值的技術分析工具，可以查看特定時間區段內市場價格的變化。價格變動越快，波動性越高；價格變動越慢，波動性越低。它可以根據歷史價格進行測量和計算，並可用於趨勢識別。它通常也表明市場是超買或超賣（意味著價格是不合理的高價、還是不合理的低價），這可能表明趨勢停滯或逆轉，TA-Lib 提供了以下三種指標函式供使用。

ATR – Average True Range（真實波動幅度均值）

函式名	ATR
名稱	真實波動幅度均值
簡介	和 BOLL 及 ADX 一樣，ATR 是一個用來衡量價格波動性的指標，但和這兩個指標不同的是，由於在它的計算過程中加入了跳空等因素，因此它能夠更加真實的反映出價格的波動情況，正因如此，它被稱為「真實」波動區間。
應用	• 波動幅度的概念可以顯示出交易者的期望和熱情。 • 大幅減少或增加中的波動幅度，表示交易者在當天可能準備持續買進或賣出。 • 波動幅度的減少，則表示交易者對交易沒有太大的興趣。

參數	● high：最高價。
	● low：最低價。
	● close：收盤價。
	● timeperiod：週期（天），預設為 14 天。
回傳	ATR

程式碼如下：

```python
if __name__=='__main__':
    finish_time = cal_timestamp(str(datetime.now()))
    start_time = cal_timestamp('2019-01-01 0:0:0.0')
    klines = get_history_klines(finish_time, start_time, '1d')

    ATR_data = pd.DataFrame()
    ATR_data['ATR'] = \
        talib.ATR(
            klines['High'],
            klines['Low'],
            klines['Close'],
            timeperiod=14
        )

    print(ATR_data)
```

```
D:\futures_exam\Scripts\python.exe D:/book/main.py
           ATR
0          NaN
1          NaN
2          NaN
3          NaN
4          NaN
...        ...
1071  79.781493
1072  77.230672
1073  82.544195
1074  79.983896
1075  76.527903

[1076 rows x 1 columns]
```

↑圖 5-49　執行結果

NATR – Normalized Average True Range（正規化真實波動幅度均值）

函式名	NATR
名稱	正規化真實波動幅度均值
簡介	NATR 是針對 ATR 缺點改進後的指標，將原本的 ATR 除上收盤價，然後以收盤價作基準來探討波動的百分比。
參數	<ul><li>high：最高價。</li><li>low：最低價。</li><li>close：收盤價。</li><li>timeperiod：週期（天），預設為 14 天。</li></ul>
回傳	NATR

程式碼如下：

```python
if __name__ =='__main__':
    finish_time = cal_timestamp(str(datetime.now()))
    start_time = cal_timestamp('2019-01-01 0:0:0.0')
    klines = get_history_klines(finish_time, start_time, '1d')

    NATR_data = pd.DataFrame()
    NATR_data['NATR'] = \
        talib.NATR(
            klines['High'],
            klines['Low'],
            klines['Close'],
            timeperiod=14
        )

    print(NATR_data)
```

```
D:\futures_exam\Scripts\python.exe D:/book/main.py
           NATR
0           NaN
1           NaN
2           NaN
3           NaN
4           NaN
...         ...
1071   5.258261
1072   5.046866
1073   5.020662
1074   4.918726
1075   4.724645

[1076 rows x 1 columns]
```

⋒ 圖 5-50　執行結果

⬤ TRANGE – True Range（真實波動幅度）

函式名	TRANGE
名稱	真實波動幅度
簡介	TRANGE 主要用來衡量價格的波動範圍，使用了最高價、最低價及上一收盤價來計算出波動最大的差值，由於尚未標準化，所以不能將同一套標準作用在所有金融商品上。
參數	● high：最高價。　　　　　　　　　● close：收盤價。 ● low：最低價。
回傳	TRANGE

程式碼如下：

```python
if __name__=='__main__':
    finish_time = cal_timestamp(str(datetime.now()))
    start_time = cal_timestamp('2019-01-01 0:0:0.0')
    klines = get_history_klines(finish_time, start_time, '1d')

    TRANGE_data = pd.DataFrame()
    TRANGE_data['TRANGE'] = \
        talib.TRANGE(
            klines['High'],
            klines['Low'],
            klines['Close'],
```

```
        )

    print(TRANGE_data)
```

```
D:\futures_exam\Scripts\python.exe D:/book/main.py
        TRANGE
0          NaN
1        10.11
2         6.92
3         5.49
4         7.00
...        ...
1071    121.50
1072     44.07
1073    151.62
1074     46.70
1075     31.60

[1076 rows x 1 columns]
```

↑圖 5-51　執行結果

5/6　價格轉換（Price Transform）

　　這型態的指標讓我們使用加權價格來計算指標，可彈性使用自訂價格產生更富變化的技術指標，TA-Lib 提供了以下四種函式供使用。

● AVGPRICE – Average Price（平均價格）

函式名	AVGPRICE	
名稱	平均價格	
簡介	AVGPRICE 是指 K 棒四個值的平均值。	
參數	● open：開盤價。	● low：最低價。
	● high：最高價。	● close：收盤價。
回傳	AVGPRICE	

　　程式碼如下：

```
if __name__=='__main__':
    finish_time = cal_timestamp(str(datetime.now()))
    start_time = cal_timestamp('2019-01-01 0:0:0.0')
    klines = get_history_klines(finish_time, start_time, '1d')

    AVGPRICE_data = pd.DataFrame()
    AVGPRICE_data['AVGPRICE'] = \
        talib.AVGPRICE(
            klines['Open'],
            klines['High'],
            klines['Low'],
            klines['Close'],
        )

    print(AVGPRICE_data)
```

```
D:\futures_exam\Scripts\python.exe D:/book/main.py
          AVGPRICE
0         144.8025
1         151.9250
2         153.2300
3         152.6475
4         150.0075
...            ...
1071     1554.6600
1072     1529.9350
1073     1595.3850
1074     1639.2725
1075     1623.8975

[1076 rows x 1 columns]
```

⋂ 圖 5-52　執行結果

🌑 MEDPRICE – Median Price（中位數價格）

函式名	MEDPRICE
名稱	中位數價格
簡介	MEDPRICE 是指 K 棒最高及最低價的平均值。
參數	• high：最高價。 • low：最低價。
回傳	MEDPRICE

程式碼如下：

```python
if __name__=='__main__':
    finish_time = cal_timestamp(str(datetime.now()))
    start_time = cal_timestamp('2019-01-01 0:0:0.0')
    klines = get_history_klines(finish_time, start_time, '1d')

    MEDPRICE_data = pd.DataFrame()
    MEDPRICE_data['MEDPRICE'] = \
        talib.MEDPRICE(
            klines['High'],
            klines['Low'],
        )

    print(MEDPRICE_data)
```

```
D:\futures_exam\Scripts\python.exe D:/book/main.py
        MEDPRICE
0        140.345
1        151.465
2        153.975
3        152.405
4        149.000
...          ...
1071    1561.750
1072    1536.105
1073    1603.590
1074    1643.450
1075    1622.700

[1076 rows x 1 columns]
```

⋂圖 5-53　執行結果

TYPPRICE – Typical Price（典型價格）

函式名	TYPPRICE	
名稱	典型價格	
簡介	TYPPRICE 是指 K 棒最高、最低及收盤價的平均值。	
參數	● high：最高價。	● close：收盤價。
	● low：最低價。	
回傳	TYPPRICE	

程式碼如下：

```python
if __name__ =='__main__':
    finish_time = cal_timestamp(str(datetime.now()))
    start_time = cal_timestamp('2019-01-01 0:0:0.0')
    klines = get_history_klines(finish_time, start_time, '1d')

    TYPPRICE_data = pd.DataFrame()
    TYPPRICE_data['TYPPRICE'] = \
        talib.TYPPRICE(
            klines['High'],
            klines['Low'],
            klines['Close'],
        )

    print(TYPPRICE_data)
```

```
D:\futures_exam\Scripts\python.exe D:/book/main.py
          TYPPRICE
0       144.403333
1       151.136667
2       154.120000
3       152.063333
4       149.550000
...            ...
1071   1546.920000
1072   1534.160000
1073   1617.090000
1074   1637.670000
1075   1623.916667

[1076 rows x 1 columns]
```

⋒圖 5-54　執行結果

🔵 WCLPRICE – Weighted Close Price（加權收盤價）

函式名	WCLPRICE	
名稱	加權收盤價	
簡介	WCLPRICE 是指 K 棒最高、最低及 2 倍收盤價的平均值。	
參數	● high：最高價。	● close：收盤價。
	● low：最低價。	
回傳	WCLPRICE	

程式碼如下：

```python
if __name__=='__main__':
    finish_time = cal_timestamp(str(datetime.now()))
    start_time = cal_timestamp('2019-01-01 0:0:0.0')
    klines = get_history_klines(finish_time, start_time, '1d')

    WCLPRICE_data = pd.DataFrame()
    WCLPRICE_data['WCLPRICE'] = \
        talib.WCLPRICE(
            klines['High'],
            klines['Low'],
            klines['Close'],
        )

    print(WCLPRICE_data)
```

```
D:\futures_exam\Scripts\python.exe D:/book/main.py
        WCLPRICE
0       146.4325
1       150.9725
2       154.1925
3       151.8925
4       149.8250
...          ...
1071   1539.5050
1072   1533.1875
1073   1623.8400
1074   1634.7800
1075   1624.6700

[1076 rows x 1 columns]
```

◑圖 5-55　執行結果

5／7　週期指標（Cycle Indicators）

「週期指標」主要是以價格作為訊號源，計算價格在某個週期內的位置，供投資者可選擇入場或出場的時機，在 TA-Lib 的週期指標類裡所涵蓋的函式都圍繞著

Hilbert 的訊號處理，由於網上相關資料大多都是其轉換公式的說明，而本書又不是針對微積分、線性代數等數學專業的書籍，所以先簡單介紹 Hilbert 理論在金融領域下如何使用。

如果我們將時間序列的價格日指數轉換為訊號，是否能從訊號形式中觀察頻率域的頻譜和振幅，藉以來判斷指數漲跌的週期性和波動？如果可以，是否能做出短期交易策略？但是短期的日指數顯然不是一個穩定型態的時間序列，基礎的分析方法都顯得無從下手，但是我們可以透過 Hilbert 變換，將其變為穩定型態的頻率序列來加以分析，在 TA-Lib 中提供了以下幾種 Hilbert 變換的函式。

⬤ HT_DCPERIOD – Hilbert Transform – Dominant Cycle Period（希伯爾特變換 – 主導週期）

函式名	HT_DCPERIOD
名稱	希伯爾特變換 – 主導週期
參數	close：收盤價。
回傳	HT_DCPERIOD

程式碼如下：

```
if __name__=='__main__':
    finish_time = cal_timestamp(str(datetime.now()))
    start_time = cal_timestamp('2019-01-01 0:0:0.0')
    klines = get_history_klines(finish_time, start_time, '1d')

    HT_DCPERIOD_data = pd.DataFrame()
    HT_DCPERIOD_data['HT_DCPERIOD'] = \
        talib.HT_DCPERIOD(
            klines['Close'],
        )

    print(HT_DCPERIOD_data)
```

∩ 圖 5-56 執行結果

HT_DCPHASE – Hilbert Transform – Dominant Cycle Phase（希伯爾特變換 – 主導循環階段）

函式名	HT_ DCPHASE
名稱	希伯爾特變換 – 主導循環階段
參數	close：收盤價。
回傳	HT_DCPHASE

程式碼如下：

```python
if __name__=='__main__':
    finish_time = cal_timestamp(str(datetime.now()))
    start_time = cal_timestamp('2019-01-01 0:0:0.0')
    klines = get_history_klines(finish_time, start_time, '1d')

    HT_DCPHASE_data = pd.DataFrame()
    HT_DCPHASE_data['HT_DCPHASE'] = \
        talib.HT_DCPHASE(
            klines['Close'],
        )

    print(HT_DCPHASE_data)
```

```
D:\futures_exam\Scripts\python.exe D:/book/main.py
        HT_DCPHASE
0             NaN
1             NaN
2             NaN
3             NaN
4             NaN
...           ...
1071    155.416454
1072    163.604554
1073    170.632231
1074    179.506652
1075    185.178714

[1076 rows x 1 columns]
```

∩圖 5-57　執行結果

● HT_PHASOR – Hilbert Transform – Phasor Components（希伯爾特變換 – 相量分量）

函式名	HT_PHASOR
名稱	希伯爾特變換 – 相量分量
參數	close：收盤價。
回傳	inphase、quadrature

程式碼如下：

```python
if __name__ == '__main__':
    finish_time = cal_timestamp(str(datetime.now()))
    start_time = cal_timestamp('2019-01-01 0:0:0.0')
    klines = get_history_klines(finish_time, start_time, '1d')

    HT_PHASOR_data = pd.DataFrame()
    HT_PHASOR_data['inphase'], HT_PHASOR_data[quadrature] = \
        talib.HT_PHASORE(
            klines['Close'],
        )


    print(HT_PHASOR_data)
```

```
D:\futures_exam\Scripts\python.exe D:/book/main.py
          inphase   quadrature
0             NaN          NaN
1             NaN          NaN
2             NaN          NaN
3             NaN          NaN
4             NaN          NaN
...           ...          ...
1071   132.086116   -70.049314
1072   138.602326  -103.418603
1073    94.103373  -208.687175
1074    29.770110  -170.845593
1075    -0.317310  -118.210553

[1076 rows x 2 columns]
```

∩ 圖 5-58　執行結果

HT_SINE – Hilbert Transform – SineWave（希伯爾特變換 – 正弦波）

函式名	HT_SINE
名稱	希伯爾特變換 – 正弦波
參數	close：收盤價。
回傳	Sine、leadsine

程式碼如下：

```python
if __name__=='__main__':
    finish_time = cal_timestamp(str(datetime.now()))
    start_time = cal_timestamp('2019-01-01 0:0:0.0')
    klines = get_history_klines(finish_time, start_time, '1d')

    HT_SINE_data = pd.DataFrame()
    HT_SINE_data['sine'], HT_SINE_data['leadsine'] = \
        talib.HT_SINE(
            klines['Close'],
        )

    print(HT_SINE_data)
```

```
D:\futures_exam\Scripts\python.exe D:/book/main.py
            sine   leadsine
0            NaN        NaN
1            NaN        NaN
2            NaN        NaN
3            NaN        NaN
4            NaN        NaN
...          ...        ...
1071    0.416020  -0.348841
1072    0.282265  -0.478762
1073    0.162771  -0.582580
1074    0.008610  -0.700992
1075   -0.089364  -0.767467

[1076 rows x 2 columns]
```

⊙圖 5-59　執行結果

● HT_TRENDMODE – Hilbert Transform – Trend vs Cycle Mode（希伯爾特變換 – 趨勢與週期模式）

函式名	HT_TRENDMODE
名稱	希伯爾特變換 – 趨勢與週期模式
參數	close：收盤價。
回傳	integer

程式碼如下：

```python
if __name__=='__main__':
    finish_time = cal_timestamp(str(datetime.now()))
    start_time = cal_timestamp('2019-01-01 0:0:0.0')
    klines = get_history_klines(finish_time, start_time, '1d')

    HT_TRENDMODE_data = pd.DataFrame()
    HT_TRENDMODE_data['integer'] = \
        talib.HT_TRENDMODE(
            klines['Close'],
        )


    print(HT_TRENDMODE_data)
```

```
D:\futures_exam\Scripts\python.exe D:/book/main.py
        integer
0           0
1           0
2           0
3           0
4           0
...        ...
1071        1
1072        1
1073        1
1074        1
1075        1

[1076 rows x 1 columns]
```

∩圖 5-60　執行結果

5/8 型態識別（Pattern Recognition）

　　「型態」是指 K 棒中的價格或交易量在某一段時間內的走勢，如上升型態、下降型態、震盪型態、反轉型態等，同時根據型態來預測未來的價格走勢。目前著名的分析理論有波浪理論和纏論等，其實型態是很好玩的，可以測試一下自己對型態的識別能力，有時看似某個型態，但經過時間演進後，又成了另一個型態，要能即時識別出某個型態，則需要有時間的積累，同時也要有敏銳的觀察力，而 TA-Lib 大大減輕了這些工作。

　　由於型態識別涉及的技術層面太多，要完全說明不容易，且在實作中涉及的多為技術資料等，所以以下僅針對型態識別的函式做簡單說明，對於型態判別有興趣的讀者可自行研究，也可以針對簡介說明，把 K 線畫出來，更能理解型態的變化。

　　舉例而言，雙鴉的解析：

　　三日 K 線模式 = 有三根 K 棒

　　第一天長陽 = 長的實 K，收高點

　　第二天高開收陰 = 線 K

第三天再次高開收陰 = 線 K

收盤比前一日收盤價低 = 第三根線 K 要比第二根線 K 收盤低

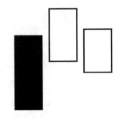

☊圖 5-61　雙鴉型態 K 線

這樣就把雙鴉的型態畫出來了，接下來的型態識別函式將不再畫出 K 線圖，讀者可以自行嘗試繪製出來，只有動手繪製才會更加熟悉。

⬤ CDL2CROWS – Two Crows（雙鴉）

函式名	CDL2CROWS
名稱	雙鴉
簡介	三日 K 線模式，第一天長陽，第二天高開收陰，第三天再次高開繼續收陰，收盤比前一日收盤價低，預示價格下跌。
參數	<ul><li>open：開盤價。</li><li>high：最高價</li><li>low：最低價。</li><li>close：收盤價。</li></ul>
回傳	integer

程式碼如下：

```
if __name__=='__main__':
    finish_time = cal_timestamp(str(datetime.now()))
    start_time = cal_timestamp('2019-01-01 0:0:0.0')
    klines = get_history_klines(finish_time, start_time, '1d')

    CDL2CROWS_data = pd.DataFrame()
    CDL2CROWS_data['integer'] = \
```

```
talib.CDL2CROWS(
    klines['Open'],
    klines['High'],
    klines['Low'],
    klines['Close'],
)

print(CDL2CROWS_data)
```

```
D:\futures_exam\Scripts\python.exe D:/book/main.py
        integer
0           0
1           0
2           0
3           0
4           0
...        ...
1071        0
1072        0
1073        0
1074        0
1075        0

[1076 rows x 1 columns]
```

∩圖 5-62　執行結果

　　型態識別的函式回傳的是一個整數陣列，為 0 表示期間內未發生該型態，不為 0 則表示期間內發生過。

CDL3BLACKCROWS – Three Black Crows（三隻烏鴉）

函式名	CDL3BLACKCROWS
名稱	三隻烏鴉
簡介	三日 K 線模式，連續三根陰線，每日收盤價都下跌且接近最低價，每日開盤價都在上根 K 線實體內，預示價格下跌。
參數	open：開盤價。
回傳	integer

程式碼如下：

```
if __name__=='__main__':
    finish_time = cal_timestamp(str(datetime.now()))
    start_time = cal_timestamp('2019-01-01 0:0:0.0')
    klines = get_history_klines(finish_time, start_time, '1d')

    CDL3BLACKCROWS_data = pd.DataFrame()
    CDL3BLACKCROWS_data['integer'] = \
        talib.CDL3BLACKCROWS(
            klines['Open'],
            klines['High'],
            klines['Low'],
            klines['Close'],
        )

    print(CDL3BLACKCROWS_data)
```

● CDL3INSIDE – Thress Inside Up / Down（內困三日上升 / 下降）

函式名	CDL3INSIDE
名稱	內困三日上升 / 下降
簡介	三日 K 線模式，母子信號 + 長 K 線，以三內部上漲為例，K 線為陰陽陽， 第三天收盤價高於第一天開盤價，第二天 K 線在第一天 K 線內部，預示著價格上漲。
參數	● open：開盤價。　　　　　　　　● low：最低價。 ● high：最高價　　　　　　　　　● close：收盤價。
回傳	integer

程式碼如下：

```
if __name__=='__main__':
    finish_time = cal_timestamp(str(datetime.now()))
    start_time = cal_timestamp('2019-01-01 0:0:0.0')
    klines = get_history_klines(finish_time, start_time, '1d')

    CDL3INSIDE_data = pd.DataFrame()
```

```
CDL3INSIDE_data['integer'] = \
    talib.CDL3INSIDE(
        klines['Open'],
        klines['High'],
        klines['Low'],
        klines['Close'],
    )


print(CDL3INSIDE_data)
```

CDL3LINESTRIKE – Three-Line Strike（三線打擊）

函式名	CDL3LINESTRIKE
名稱	三線打擊
簡介	四日 K 線模式，前三根陽線，每日收盤價都比前一日高，開盤價在前一日實體內，第四日市場高開，收盤價低於第一日開盤價，預示價格下跌。
參數	• open：開盤價。　　　　　• low：最低價。 • high：最高價　　　　　　• close：收盤價。
回傳	integer

程式碼如下：

```
if __name__=='__main__':
    finish_time = cal_timestamp(str(datetime.now()))
    start_time = cal_timestamp('2019-01-01 0:0:0.0')
    klines = get_history_klines(finish_time, start_time, '1d')

    CDL3LINESTRIKE_data = pd.DataFrame()
    CDL3LINESTRIKE_data['integer'] = \
        talib.CDL3LINESTRIKE(
            klines['Open'],
            klines['High'],
            klines['Low'],
            klines['Close'],
        )
```

```
print(CDL3LINESTRIKE_data)
```

CDL3OUTSIDE – Three Outside Up / Down（外側三日上升 / 下降）

函式名	CDL3OUTSIDE
名稱	外側三日上升 / 下降
簡介	三日 K 線模式，與內困三日上升 / 下降類似，K 線為陰陽陽，但第一日與第二日的 K 線型態相反，以三外部上漲為例，第一日 K 線在第二日 K 線內部，預示著價格上漲。
參數	● open：開盤價。 ● high：最高價。 ● low：最低價。 ● close：收盤價。
回傳	integer

程式碼如下：

```
if __name__=='__main__':
    finish_time = cal_timestamp(str(datetime.now()))
    start_time = cal_timestamp('2019-01-01 0:0:0.0')
    klines = get_history_klines(finish_time, start_time, '1d')

    CDL3OUTSIDE_data = pd.DataFrame()
    CDL3OUTSIDE_data['integer'] = \
        talib.CDL3OUTSIDE(
            klines['Open'],
            klines['High'],
            klines['Low'],
            klines['Close'],
        )

    print(CDL3OUTSIDE_data)
```

CDL3STARSINSOUTH – Three Stars In The South（南方三星）

函式名	CDL3STARSINSOUTH
名稱	南方三星
簡介	三日 K 線模式，與大敵當前相反，三日 K 線皆陰，第一日有長下影線， 第二日與第一日類似，K 線整體小於第一日，第三日無下影線實體信號， 成交價格都在第一日振幅之內，預示下跌趨勢反轉，價格上升。
參數	• open：開盤價。 • high：最高價。 • low：最低價。 • close：收盤價。
回傳	integer

程式碼如下：

```python
if __name__=='__main__':
    finish_time = cal_timestamp(str(datetime.now()))
    start_time = cal_timestamp('2019-01-01 0:0:0.0')
    klines = get_history_klines(finish_time, start_time, '1d')

    CDL3STARSINSOUTH_data = pd.DataFrame()
    CDL3STARSINSOUTH_data['integer'] = \
        talib.CDL3STARSINSOUTH(
            klines['Open'],
            klines['High'],
            klines['Low'],
            klines['Close'],
        )

    print(CDL3STARSINSOUTH_data)
```

● CDL3WHITESOLDIERS – Three Advancing White Soldiers （三白兵）

函式名	CDL3WHITESOLDIERS
名稱	三白兵
簡介	三日 K 線模式，三日 K 線皆陽，每日收盤價變高且接近最高價，開盤價在前一日實體上半部，預示價格上升。
參數	● open：開盤價。 ● high：最高價 ● low：最低價。 ● close：收盤價。 ● timeperiod：週期（天），預設為 14 天。
回傳	integer

程式碼如下：

```python
if __name__ =='__main__':
    finish_time = cal_timestamp(str(datetime.now()))
    start_time = cal_timestamp('2019-01-01 0:0:0.0')
    klines = get_history_klines(finish_time, start_time, '1d')

    CDL3WHITESOLDIERS_data = pd.DataFrame()
    CDL3WHITESOLDIERS_data['integer'] = \
        talib.CDL3WHITESOLDIERS(
            klines['Open'],
            klines['High'],
            klines['Low'],
            klines['Close'],
        )

    print(CDL3WHITESOLDIERS_data)
```

CDLABANDONEDBABY – Abandoned Baby（棄嬰）

函式名	CDLABANDONEDBABY
名稱	棄嬰
簡介	三日 K 線模式，第二日價格跳空且收十字星（開盤價與收盤價接近，最高價最低價相差不大），預示趨勢反轉，發生在頂部下跌，底部上漲。
參數	● open：開盤價。 ● high：最高價。 ● low：最低價。 ● close：收盤價。 ● penetration：預設為 0 天。
回傳	integer

程式碼如下：

```python
if __name__=='__main__':
    finish_time = cal_timestamp(str(datetime.now()))
    start_time = cal_timestamp('2019-01-01 0:0:0.0')
    klines = get_history_klines(finish_time, start_time, '1d')

    CDLABANDONEDBABY_data = pd.DataFrame()
    CDLABANDONEDBABY_data['integer'] = \
        talib.CDLABANDONEDBABY(
            klines['Open'],
            klines['High'],
            klines['Low'],
            klines['Close'],
        )

    print(CDLABANDONEDBABY_data)
```

● CDLADVANCEBLOCK – Advance Block（大敵當前）

函式名	CDLADVANCEBLOCK
名稱	大敵當前
簡介	三日 K 線模式，三日都收陽，每日收盤價都比前一日高，開盤價都在前一日實體以內，實體變短，上影線變長。
參數	● open：開盤價。　　　　　　● low：最低價。 ● high：最高價。　　　　　　● close：收盤價。
回傳	integer

程式碼如下：

```
if __name__=='__main__':
    finish_time = cal_timestamp(str(datetime.now()))
    start_time = cal_timestamp('2019-01-01 0:0:0.0')
    klines = get_history_klines(finish_time, start_time, '1d')

    CDLADVANCEBLOCK_data = pd.DataFrame()
    CDLADVANCEBLOCK_data['integer'] = \
        talib.CDLADVANCEBLOCK(
            klines['Open'],
            klines['High'],
            klines['Low'],
            klines['Close'],
        )

    print(CDLADVANCEBLOCK_data)
```

● CDLBELTHOLD – Belt-hold（捉腰帶線）

函式名	CDLBELTHOLD
名稱	捉腰帶線
簡介	兩日 K 線模式，下跌趨勢中，第一日陰線，第二日開盤價為最低價，陽線，收盤價接近最高價，預示價格上漲。

參數	● open：開盤價。	● low：最低價。
	● high：最高價。	● close：收盤價。
回傳	integer	

程式碼如下：

```
if __name__=='__main__':
    finish_time = cal_timestamp(str(datetime.now()))
    start_time = cal_timestamp('2019-01-01 0:0:0.0')
    klines = get_history_klines(finish_time, start_time, '1d')

    CDLBELTHOLD_data = pd.DataFrame()
    CDLBELTHOLD_data['integer'] = \
        talib.CDLBELTHOLD(
            klines['Open'],
            klines['High'],
            klines['Low'],
            klines['Close'],
        )

    print(CDLBELTHOLD_data)
```

CDLBREAKAWAY – Breakaway（脫離）

函式名	CDLBREAKAWAY	
名稱	脫離	
簡介	五日K線模式，以看漲脫離為例，下跌趨勢中，第一日長陰線，第二日跳空陰線，延續趨勢開始震盪，第五日長陽線，收盤價在第一天收盤價與第二天開盤價之間，預示價格上漲。	
參數	● open：開盤價。	● low：最低價。
	● high：最高價。	● close：收盤價。
回傳	integer	

程式碼如下：

```
if __name__=='__main__':
    finish_time = cal_timestamp(str(datetime.now()))
    start_time = cal_timestamp('2019-01-01 0:0:0.0')
    klines = get_history_klines(finish_time, start_time, '1d')

    CDLBREAKAWAY_data = pd.DataFrame()
    CDLBREAKAWAY_data['integer'] = \
        talib.CDLBREAKAWAY(
            klines['Open'],
            klines['High'],
            klines['Low'],
            klines['Close'],
        )

    print(CDLBREAKAWAY_data)
```

● CDLCLOSINGMARUBOZU – Closing Marubozu（收盤缺影線）

函式名	CDLCLOSINGMARUBOZU
名稱	收盤缺影線
簡介	一日 K 線模式，以陽線為例，最低價低於開盤價，收盤價等於最高價， 預示著趨勢持續。
參數	● open：開盤價。 ● high：最高價。 ● low：最低價。 ● close：收盤價。
回傳	integer

程式碼如下：

```
if __name__=='__main__':
    finish_time = cal_timestamp(str(datetime.now()))
    start_time = cal_timestamp('2019-01-01 0:0:0.0')
    klines = get_history_klines(finish_time, start_time, '1d')
```

```
CDLCLOSINGMARUBOZU_data = pd.DataFrame()
CDLCLOSINGMARUBOZU_data['integer'] = \
    talib.CDLCLOSINGMARUBOZU(
        klines['Open'],
        klines['High'],
        klines['Low'],
        klines['Close'],
    )

print(CDLCLOSINGMARUBOZU_data)
```

● CDLCONCEALBABYSWALL – Concealing Baby Swallow（藏嬰吞沒）

函式名	CDLCONCEALBABYSWALL
名稱	藏嬰吞沒
簡介	四日 K 線模式，下跌趨勢中，前兩日陰線無影線，第二日開盤、收盤價皆低於第二日，第三日倒錘頭，第四日開盤價高於前一日最高價，收盤價低於前一日最低價，預示著底部反轉。
參數	● open：開盤價。 ● high：最高價。 ● low：最低價。 ● close：收盤價。
回傳	integer

程式碼如下：

```
if __name__=='__main__':
    finish_time = cal_timestamp(str(datetime.now()))
    start_time = cal_timestamp('2019-01-01 0:0:0.0')
    klines = get_history_klines(finish_time, start_time, '1d')

    CDLCONCEALBABYSWALL_data = pd.DataFrame()
    CDLCONCEALBABYSWALL_data['integer'] = \
```

```
talib.CDLCONCEALBABYSWALL(
    klines['Open'],
    klines['High'],
    klines['Low'],
    klines['Close'],
)

print(CDLCONCEALBABYSWALL_data)
```

CDLCOUNTERATTACK – Counterattack（反擊線）

函式名	CDLCOUNTERATTACK	
名稱	反擊線	
簡介	二日 K 線模式，與分離線類似。	
參數	● open：開盤價。 ● high：最高價。	● low：最低價。 ● close：收盤價。
回傳	integer	

程式碼如下：

```
if __name__ =='__main__':
    finish_time = cal_timestamp(str(datetime.now()))
    start_time = cal_timestamp('2019-01-01 0:0:0.0')
    klines = get_history_klines(finish_time, start_time, '1d')

    CDLCOUNTERATTACK_data = pd.DataFrame()
    CDLCOUNTERATTACK_data['integer'] = \
        talib.CDLCOUNTERATTACK(
            klines['Open'],
            klines['High'],
            klines['Low'],
            klines['Close'],
        )

    print(CDLCOUNTERATTACK_data)
```

CDLDARKCLOUDCOVER – Dark Cloud Cover (烏雲壓頂)

函式名	CDLDARKCLOUDCOVER
名稱	烏雲壓頂
簡介	二日 K 線模式，第一日長陽，第二日開盤價高於前一日最高價，收盤價處於前一日實體中部以下，預示著價格下跌。
參數	● open：開盤價。 ● high：最高價。 ● low：最低價。 ● close：收盤價。 ● penetration：預設為 0。
回傳	integer

程式碼如下：

```
if __name__=='__main__':
    finish_time = cal_timestamp(str(datetime.now()))
    start_time = cal_timestamp('2019-01-01 0:0:0.0')
    klines = get_history_klines(finish_time, start_time, '1d')

    CDLDARKCLOUDCOVER_data = pd.DataFrame()
    CDLDARKCLOUDCOVER_data['integer'] = \
        talib.CDLDARKCLOUDCOVER(
            klines['Open'],
            klines['High'],
            klines['Low'],
            klines['Close'],
        )

    print(CDLDARKCLOUDCOVER_data)
```

● CDLDOJI – Doji（十字）

函式名	CDLDOJI
名稱	十字
簡介	一日 K 線模式，開盤價與收盤價基本相同。
參數	● open：開盤價。 ● high：最高價。 ● low：最低價。 ● close：收盤價。
回傳	integer

程式碼如下：

```
if __name__ =='__main__':
    finish_time = cal_timestamp(str(datetime.now()))
    start_time = cal_timestamp('2019-01-01 0:0:0.0')
    klines = get_history_klines(finish_time, start_time, '1d')

    CDLDOJI_data = pd.DataFrame()
    CDLDOJI_data['integer'] = \
        talib.CDLDOJI(
            klines['Open'],
            klines['High'],
            klines['Low'],
            klines['Close'],
        )

    print(CDLDOJI_data)
```

● CDLDOJISTAR – Doji Star（十字星）

函式名	CDLDOJISTAR
名稱	十字星
簡介	一日 K 線模式，開盤價與收盤價基本相同，上下影線不會很長，預示著當前趨勢反轉。

參數	● open：開盤價。	● low：最低價。
	● high：最高價。	● close：收盤價。
回傳	integer	

程式碼如下：

```
if __name__=='__main__':
    finish_time = cal_timestamp(str(datetime.now()))
    start_time = cal_timestamp('2019-01-01 0:0:0.0')
    klines = get_history_klines(finish_time, start_time, '1d')

    CDLDOJISTAR_data = pd.DataFrame()
    CDLDOJISTAR_data['integer'] = \
        talib.CDLDOJISTAR(
            klines['Open'],
            klines['High'],
            klines['Low'],
            klines['Close'],
        )

    print(CDLDOJISTAR_data)
```

● CDLDRAGONFLYDOJI – Dragonfly Doji（蜻蜓十字／T形十字）

函式名	CDLDRAGONFLYDOJI
名稱	蜻蜓十字／T形十字
簡介	一日K線模式，開盤後價格一路走低，之後收復，收盤價與開盤價相同，預示趨勢反轉。
參數	● open：開盤價。　　　　　　● low：最低價。 ● high：最高價。　　　　　　● close：收盤價。
回傳	integer

程式碼如下：

```
if __name__=='__main__':
    finish_time = cal_timestamp(str(datetime.now()))
    start_time = cal_timestamp('2019-01-01 0:0:0.0')
    klines = get_history_klines(finish_time, start_time, '1d')

    CDLDRAGONFLYDOJI_data = pd.DataFrame()
    CDLDRAGONFLYDOJI_data['integer'] = \
        talib.CDLDRAGONFLYDOJI(
            klines['Open'],
            klines['High'],
            klines['Low'],
            klines['Close'],
        )

    print(CDLDRAGONFLYDOJI_data)
```

● CDLENGULFING – Engulfing Pattern（吞噬模式）

函式名	CDLENGULFING
名稱	吞噬模式
簡介	兩日K線模式，分為「多頭吞噬」和「空頭吞噬」，以多頭吞噬為例，第一日為陰線，第二日陽線，第一日的開盤價和收盤價在第二日開盤價收盤價之內，但不能完全相同。
參數	● open：開盤價。 ● high：最高價。 ● low：最低價。 ● close：收盤價。
回傳	integer

程式碼如下：

```
if __name__=='__main__':
    finish_time = cal_timestamp(str(datetime.now()))
    start_time = cal_timestamp('2019-01-01 0:0:0.0')
    klines = get_history_klines(finish_time, start_time, '1d')
```

```
CDLENGULFING_data = pd.DataFrame()
CDLENGULFING_data['integer'] = \
    talib.CDLENGULFING(
        klines['Open'],
        klines['High'],
        klines['Low'],
        klines['Close'],
    )

print(CDLENGULFING_data)
```

● CDLEVENINGDOJISTAR – Evening Doji Star（十字暮星）

函式名	CDLEVENINGDOJISTAR
名稱	十字暮星
簡介	三日 K 線模式，基本模式為暮星，第二日收盤價和開盤價相同，預示頂部反轉。
參數	● open：開盤價。　　　　　● close：收盤價。 ● high：最高價。　　　　　● penetration：預設為 0。 ● low：最低價。
回傳	integer

程式碼如下：

```
if __name__=='__main__':
    finish_time = cal_timestamp(str(datetime.now()))
    start_time = cal_timestamp('2019-01-01 0:0:0.0')
    klines = get_history_klines(finish_time, start_time, '1d')


    CDLEVENINGDOJISTAR_data = pd.DataFrame()
    CDLEVENINGDOJISTAR_data['integer'] = \
        talib.CDLEVENINGDOJISTAR(
            klines['Open'],
            klines['High'],
            klines['Low'],
```

```
        klines['Close'],
    )


print(CDLEVENINGDOJISTAR_data)
```

⬤ CDLEVENINGSTAR – Evening Star（暮星）

函式名	CDLEVENINGSTAR
名稱	暮星
簡介	三日K線模式，與晨星相反，上升趨勢中，第一日陽線，第二日價格振幅較小，第三日陰線，預示頂部反轉。
參數	● open：開盤價。 ● high：最高價。 ● low：最低價。 ● close：收盤價。 ● penetration：預設為0。
回傳	integer

程式碼如下：

```
if __name__=='__main__':
    finish_time = cal_timestamp(str(datetime.now()))
    start_time = cal_timestamp('2019-01-01 0:0:0.0')
    klines = get_history_klines(finish_time, start_time, '1d')

    CDLEVENINGSTAR_data = pd.DataFrame()
    CDLEVENINGSTAR_data['integer'] = \
        talib.CDLEVENINGSTAR(
            klines['Open'],
            klines['High'],
            klines['Low'],
            klines['Close'],
        )


    print(CDLEVENINGSTAR_data)
```

🌑 CDLGAPSIDESIDEWHITE – Up / Down-gap side-by-side white lines（向上 / 下跳空共列陽線）

函式名	CDLGAPSIDESIDEWHITE
名稱	向上 / 下跳空共列陽線
簡介	二日 K 線模式，上升趨勢向上跳空，下跌趨勢向下跳空，第一日與第二日有相同開盤價，實體長度差不多，則趨勢持續。
參數	● open：開盤價。 ● high：最高價。 ● low：最低價。 ● close：收盤價。
回傳	integer

程式碼如下：

```python
if __name__=='__main__':
    finish_time = cal_timestamp(str(datetime.now()))
    start_time = cal_timestamp('2019-01-01 0:0:0.0')
    klines = get_history_klines(finish_time, start_time, '1d')

    CDLGAPSIDESIDEWHITE_data = pd.DataFrame()
    CDLGAPSIDESIDEWHITE_data['integer'] = \
        talib.CDLGAPSIDESIDEWHITE(
            klines['Open'],
            klines['High'],
            klines['Low'],
            klines['Close'],
        )

    print(CDLGAPSIDESIDEWHITE_data)
```

● CDLGRAVESTONEDOJI – Gravestone Doji（墓碑十字 / 倒 T 十字）

函式名	CDLGRAVESTONEDOJI
名稱	墓碑十字 / 倒 T 十字
簡介	一日 K 線模式，開盤價與收盤價相同，上影線長，無下影線，預示底部反轉。
參數	● open：開盤價。 ● high：最高價。 ● low：最低價。 ● close：收盤價。
回傳	integer

程式碼如下：

```python
if __name__=='__main__':
    finish_time = cal_timestamp(str(datetime.now()))
    start_time = cal_timestamp('2019-01-01 0:0:0.0')
    klines = get_history_klines(finish_time, start_time, '1d')

    CDLGRAVESTONEDOJI_data = pd.DataFrame()
    CDLGRAVESTONEDOJI_data['integer'] = \
        talib.CDLGRAVESTONEDOJI(
            klines['Open'],
            klines['High'],
            klines['Low'],
            klines['Close'],
        )

    print(CDLGRAVESTONEDOJI_data)
```

● CDLHAMMER – Hammer（錘頭）

函式名	CDLHAMMER
名稱	錘頭

簡介	一日 K 線模式，實體較短，無上影線，下影線大於實體長度兩倍，處於下跌趨勢底部，預示反轉。	
參數	● open：開盤價。	● low：最低價。
	● high：最高價。	● close：收盤價。
回傳	integer	

程式碼如下：

```python
if __name__=='__main__':
    finish_time = cal_timestamp(str(datetime.now()))
    start_time = cal_timestamp('2019-01-01 0:0:0.0')
    klines = get_history_klines(finish_time, start_time, '1d')


    CDLHAMMER_data = pd.DataFrame()
    CDLHAMMER_data['integer'] = \
        talib.CDLHAMMER(
            klines['Open'],
            klines['High'],
            klines['Low'],
            klines['Close'],
        )


    print(CDLHAMMER_data)
```

CDLHANGINGMAN – Hanging Man（上吊線）

函式名	CDLHANGINGMAN	
名稱	上吊線	
簡介	一日 K 線模式，形狀與錘子類似，處於上升趨勢的頂部，預示著趨勢反轉。	
參數	● open：開盤價。	● low：最低價。
	● high：最高價。	● close：收盤價。
回傳	integer	

程式碼如下：

```
if __name__=='__main__':
    finish_time = cal_timestamp(str(datetime.now()))
    start_time = cal_timestamp('2019-01-01 0:0:0.0')
    klines = get_history_klines(finish_time, start_time, '1d')

    CDLHANGINGMAN_data = pd.DataFrame()
    CDLHANGINGMAN_data['integer'] = \
        talib.CDLHANGINGMAN(
            klines['Open'],
            klines['High'],
            klines['Low'],
            klines['Close'],
        )

    print(CDLHANGINGMAN_data)
```

CDLHARAMI – Harami Pattern（母子線）

函式名	CDLHARAMI	
名稱	母子線	
簡介	二日K線模式，分為「多頭母子」與「空頭母子」，兩者相反，以多頭母子為例，在下跌趨勢中，第一日K線長陰，第二日開盤價收盤價在第一日價格振幅之內，為陽線，預示趨勢反轉，價格上升。	
參數	● open：開盤價。 ● high：最高價。	● low：最低價。 ● close：收盤價。
回傳	integer	

程式碼如下：

```
if __name__=='__main__':
    finish_time = cal_timestamp(str(datetime.now()))
    start_time = cal_timestamp('2019-01-01 0:0:0.0')
    klines = get_history_klines(finish_time, start_time, '1d')

    CDLHARAMI_data = pd.DataFrame()
    CDLHARAMI_data['integer'] = \
```

```
    talib.CDLHARAMI(
        klines['Open'],
        klines['High'],
        klines['Low'],
        klines['Close'],
    )

print(CDLHARAMI_data)
```

● CDLHARAMICROSS – Harami Cross Pattern（十字孕線）

函式名	CDLHARAMICROSS
名稱	十字孕線
簡介	二日 K 線模式，與母子線類似，若第二日 K 線是十字線，便稱為「十字孕線」，預示著趨勢反轉。
參數	● open：開盤價。 ● high：最高價。 ● low：最低價。 ● close：收盤價。
回傳	integer

程式碼如下：

```
if __name__=='__main__':
    finish_time = cal_timestamp(str(datetime.now()))
    start_time = cal_timestamp('2019-01-01 0:0:0.0')
    klines = get_history_klines(finish_time, start_time, '1d')

    CDLHARAMICROSS_data = pd.DataFrame()
    CDLHARAMICROSS_data['integer'] = \
        talib.CDLHARAMICROSS(
            klines['Open'],
            klines['High'],
            klines['Low'],
            klines['Close'],
```

```
        )

    print(CDLHARAMICROSS_data)
```

● CDLHIGHWAVE – High-Wave Candle（風高浪大線）

函式名	CDLHIGHWAVE
名稱	風高浪大線
簡介	三日 K 線模式，具有極長的上 / 下影線與短的實體，預示著趨勢反轉。
參數	● open：開盤價。 ● high：最高價。 ● low：最低價。 ● close：收盤價。
回傳	integer

程式碼如下：

```
if __name__=='__main__':
    finish_time = cal_timestamp(str(datetime.now()))
    start_time = cal_timestamp('2019-01-01 0:0:0.0')
    klines = get_history_klines(finish_time, start_time, '1d')

    CDLHIGHWAVE_data = pd.DataFrame()
    CDLHIGHWAVE_data['integer'] = \
        talib.CDLHIGHWAVE(
            klines['Open'],
            klines['High'],
            klines['Low'],
            klines['Close'],
        )

    print(CDLHIGHWAVE_data)
```

● CDLHIKKAKE – Hikkake Pattern（陷阱）

函式名	CDLHIKKAKE
名稱	陷阱
簡介	三日 K 線模式，與母子線類似，第二日價格在前一日實體範圍內，第三日收盤價高於前兩日，反轉失敗，趨勢繼續。
參數	● open：開盤價。　● low：最低價。 ● high：最高價。　● close：收盤價。
回傳	integer

程式碼如下：

```python
if __name__=='__main__':
    finish_time = cal_timestamp(str(datetime.now()))
    start_time = cal_timestamp('2019-01-01 0:0:0.0')
    klines = get_history_klines(finish_time, start_time, '1d')


    CDLHIKKAKE_data = pd.DataFrame()
    CDLHIKKAKE_data['integer'] = \
        talib.CDLHIKKAKE(
            klines['Open'],
            klines['High'],
            klines['Low'],
            klines['Close'],
        )


    print(CDLHIKKAKE_data)
```

● CDLHIKKAKEMOD – Modified Hikkake Pattern（修正陷阱）

函式名	CDLHIKKAKEMOD
名稱	修正陷阱

簡介	三日K線模式，與陷阱類似，上升趨勢中，第三日跳空高開；下跌趨勢中，第三日跳空低開，反轉失敗，趨勢繼續。
參數	● open：開盤價。　　　　　　● low：最低價。 ● high：最高價。　　　　　　● close：收盤價。
回傳	integer

程式碼如下：

```python
if __name__=='__main__':
    finish_time = cal_timestamp(str(datetime.now()))
    start_time = cal_timestamp('2019-01-01 0:0:0.0')
    klines = get_history_klines(finish_time, start_time, '1d')

    CDLHIKKAKEMOD_data = pd.DataFrame()
    CDLHIKKAKEMOD_data['integer'] = \
        talib.CDLHIKKAKEMOD(
            klines['Open'],
            klines['High'],
            klines['Low'],
            klines['Close'],
        )

    print(CDLHIKKAKEMOD_data)
```

● CDLHOMINGPIGEON – Homing Pigeon（家鴿）

函式名	CDLHOMINGPIGEON
名稱	家鴿
簡介	二日K線模式，與母子線類似，不同的是二日K線顏色相同，第二日最高價、最低價都在第一日實體之內，預示著趨勢反轉。
參數	● open：開盤價。　　　　　　● low：最低價。 ● high：最高價。　　　　　　● close：收盤價。
回傳	integer

程式碼如下：

```
if __name__=='__main__':
    finish_time = cal_timestamp(str(datetime.now()))
    start_time = cal_timestamp('2019-01-01 0:0:0.0')
    klines = get_history_klines(finish_time, start_time, '1d')


    CDLHOMINGPIGEON_data = pd.DataFrame()
    CDLHOMINGPIGEON_data['integer'] = \
        talib.CDLHOMINGPIGEON(
            klines['Open'],
            klines['High'],
            klines['Low'],
            klines['Close'],
        )


    print(CDLHOMINGPIGEON_data)
```

● CDLIDENTICAL3CROWS – Identical Three Crows（三胞胎烏鴉）

函式名	CDLIDENTICAL3CROWS
名稱	三胞胎烏鴉
簡介	三日K線模式，上漲趨勢中，三日都為陰線，長度大致相等，每日開盤價等於前一日收盤價，收盤價接近當日最低價，預示價格下跌。
參數	• open：開盤價。 • high：最高價。 • low：最低價。 • close：收盤價。
回傳	integer

程式碼如下：

```python
if __name__ == '__main__':
    finish_time = cal_timestamp(str(datetime.now()))
    start_time = cal_timestamp('2019-01-01 0:0:0.0')
    klines = get_history_klines(finish_time, start_time, '1d')

    CDLIDENTICAL3CROWS_data = pd.DataFrame()
    CDLIDENTICAL3CROWS_data['integer'] = \
        talib.CDLIDENTICAL3CROWS(
            klines['Open'],
            klines['High'],
            klines['Low'],
            klines['Close'],
        )

    print(CDLIDENTICAL3CROWS_data)
```

🔵 CDLINNECK – In-Neck Pattern（頸內線）

函式名	CDLINNECK
名稱	頸內線
簡介	二日 K 線模式，下跌趨勢中，第一日長陰線，第二日開盤價較低，收盤價略高於第一日收盤價，陽線，實體較短，預示著下跌繼續。
參數	● open：開盤價。　　　　● low：最低價。 ● high：最高價。　　　　● close：收盤價。
回傳	integer

程式碼如下：

```python
if __name__ == '__main__':
    finish_time = cal_timestamp(str(datetime.now()))
    start_time = cal_timestamp('2019-01-01 0:0:0.0')
    klines = get_history_klines(finish_time, start_time, '1d')

    CDLINNECK_data = pd.DataFrame()
    CDLINNECK_data['integer'] = \
```

```
talib.CDLINNECK(
    klines['Open'],
    klines['High'],
    klines['Low'],
    klines['Close'],
)


print(CDLINNECK_data)
```

🔵 CDLINVERTEDHAMMER – Inverted Hammer（倒錘頭）

函式名	CDLINVERTEDHAMMER
名稱	倒錘頭
簡介	一日K線模式，上影線較長，長度為實體2倍以上，無下影線，在下跌趨勢底部，預示著趨勢反轉。
參數	● open：開盤價。　　　　　● low：最低價。 ● high：最高價。　　　　　● close：收盤價。
回傳	integer

程式碼如下：

```
if __name__=='__main__':
    finish_time = cal_timestamp(str(datetime.now()))
    start_time = cal_timestamp('2019-01-01 0:0:0.0')
    klines = get_history_klines(finish_time, start_time, '1d')


    CDLINVERTEDHAMMER_data = pd.DataFrame()
    CDLINVERTEDHAMMER_data['integer'] = \
        talib.CDLINVERTEDHAMMER(
            klines['Open'],
            klines['High'],
            klines['Low'],
            klines['Close'],
        )


    print(CDLINVERTEDHAMMER_data)
```

🔵 CDLKICKING – Kicking（反衝型態）

函式名	CDLKICKING
名稱	反衝型態
簡介	二日 K 線模式，與分離線類似，兩日 K 線為禿線，顏色相反，存在跳空缺口。
參數	● open：開盤價。 　　　　　● low：最低價。 ● high：最高價。 　　　　　● close：收盤價。
回傳	integer

程式碼如下：

```
if __name__=='__main__':
    finish_time = cal_timestamp(str(datetime.now()))
    start_time = cal_timestamp('2019-01-01 0:0:0.0')
    klines = get_history_klines(finish_time, start_time, '1d')

    CDLKICKING_data = pd.DataFrame()
    CDLKICKING_data['integer'] = \
        talib.CDLKICKING(
            klines['Open'],
            klines['High'],
            klines['Low'],
            klines['Close'],
        )

    print(CDLKICKING_data)
```

🔵 CDLKICKINGBYLENGTH – Kicking – bull / bear determined by the longer marubozu（由較長缺影線決定的反衝型態）

函式名	CDLKICKINGBYLENGTH
名稱	由較長缺影線決定的反衝型態
簡介	二日 K 線模式，與反衝型態類似，較長缺影線決定價格的漲跌。

參數	● open：開盤價。	● low：最低價。
	● high：最高價。	● close：收盤價。
回傳	integer	

程式碼如下：

```
if __name__=='__main__':
    finish_time = cal_timestamp(str(datetime.now()))
    start_time = cal_timestamp('2019-01-01 0:0:0.0')
    klines = get_history_klines(finish_time, start_time, '1d')

    CDLKICKINGBYLENGTH_data = pd.DataFrame()
    CDLKICKINGBYLENGTH_data['integer'] = \
        talib.CDLKICKINGBYLENGTH(
            klines['Open'],
            klines['High'],
            klines['Low'],
            klines['Close'],
        )

    print(CDLKICKINGBYLENGTH_data)
```

● CDLLADDERBOTTOM – Ladder Bottom（梯底）

函式名	CDLLADDERBOTTOM
名稱	梯底
簡介	五日 K 線模式，下跌趨勢中，前三日陰線，開盤價與收盤價皆低於前一日開盤、收盤價，第四日倒錘頭，第五日開盤價高於前一日開盤價，陽線，收盤價高於前幾日價格振幅，預示著底部反轉。
參數	● open：開盤價。　　　　　　● low：最低價。 ● high：最高價。　　　　　　● close：收盤價。
回傳	integer

程式碼如下：

```
if __name__=='__main__':
    finish_time = cal_timestamp(str(datetime.now()))
    start_time = cal_timestamp('2019-01-01 0:0:0.0')
    klines = get_history_klines(finish_time, start_time, '1d')

    CDLLADDERBOTTOM_data = pd.DataFrame()
    CDLLADDERBOTTOM_data['integer'] = \
        talib.CDLLADDERBOTTOM(
            klines['Open'],
            klines['High'],
            klines['Low'],
            klines['Close'],
        )

    print(CDLLADDERBOTTOM_data)
```

● CDLLONGLEGGEDDOJI – Long Legged Doji（長腳十字）

函式名	CDLLONGLEGGEDDOJI
名稱	長腳十字
簡介	一日 K 線模式，開盤價與收盤價相同居當日價格中部，上下影線長，表達市場不確定性。
參數	● open：開盤價。 ● high：最高價。 ● low：最低價。 ● close：收盤價。
回傳	integer

程式碼如下：

```
if __name__=='__main__':
    finish_time = cal_timestamp(str(datetime.now()))
    start_time = cal_timestamp('2019-01-01 0:0:0.0')
    klines = get_history_klines(finish_time, start_time, '1d')

    CDLLONGLEGGEDDOJI_data = pd.DataFrame()
```

```
CDLLONGLEGGEDDOJI_data['integer'] = \
    talib.CDLLONGLEGGEDDOJI(
        klines['Open'],
        klines['High'],
        klines['Low'],
        klines['Close'],
    )

print(CDLLONGLEGGEDDOJI_data)
```

CDLLONGLINE – Long Line Candle（長蠟燭）

函式名	CDLLONGLINE
名稱	長蠟燭
簡介	一日 K 線模式，K 線實體長，無上下影線。
參數	● open：開盤價。　　　　● low：最低價。 ● high：最高價。　　　　● close：收盤價。
回傳	integer

程式碼如下：

```
if __name__=='__main__':
    finish_time = cal_timestamp(str(datetime.now()))
    start_time = cal_timestamp('2019-01-01 0:0:0.0')
    klines = get_history_klines(finish_time, start_time, '1d')

    CDLLONGLINE_data = pd.DataFrame()
    CDLLONGLINE_data['integer'] = \
        talib.CDLLONGLINE(
            klines['Open'],
            klines['High'],
            klines['Low'],
            klines['Close'],
        )

    print(CDLLONGLINE_data)
```

🔵 CDLMARUBOZU – Marubozu （光頭光腳 / 缺影線）

函式名	CDLMARUBOZU
名稱	光頭光腳 / 缺影線
簡介	一日 K 線模式，上下兩頭都沒有影線的實體，陰線預示著熊市持續或者牛市反轉，陽線相反。
參數	● open：開盤價。　　　　　　● low：最低價。 ● high：最高價。　　　　　　● close：收盤價。
回傳	integer

程式碼如下：

```
if __name__=='__main__':
    finish_time = cal_timestamp(str(datetime.now()))
    start_time = cal_timestamp('2019-01-01 0:0:0.0')
    klines = get_history_klines(finish_time, start_time, '1d')


    CDLMARUBOZU_data = pd.DataFrame()
    CDLMARUBOZU_data['integer'] = \
        talib.CDLMARUBOZU(
            klines['Open'],
            klines['High'],
            klines['Low'],
            klines['Close'],
        )

    print(CDLMARUBOZU_data)
```

🔵 CDLMATCHINGLOW – Matching Low（相同低價）

函式名	CDLMATCHINGLOW
名稱	相同低價
簡介	二日 K 線模式，下跌趨勢中，第一日長陰線，第二日陰線，收盤價與前一日相同，預示底部確認，該價格為支撐位。

參數	● open：開盤價。	● low：最低價。
	● high：最高價。	● close：收盤價。
回傳	integer	

程式碼如下：

```python
if __name__=='__main__':
    finish_time = cal_timestamp(str(datetime.now()))
    start_time = cal_timestamp('2019-01-01 0:0:0.0')
    klines = get_history_klines(finish_time, start_time, '1d')

    CDLMATCHINGLOW_data = pd.DataFrame()
    CDLMATCHINGLOW_data['integer'] = \
        talib.CDLMATCHINGLOW(
            klines['Open'],
            klines['High'],
            klines['Low'],
            klines['Close'],
        )

    print(CDLMATCHINGLOW_data)
```

● CDLMATHOLD – Mat Hold（鋪墊）

函式名	CDLMATHOLD
名稱	鋪墊
簡介	五日 K 線模式，上漲趨勢中，第一日陽線，第二日跳空高開影線，第三、四日短實體影線，第五日陽線，收盤價高於前四日，預示趨勢持續。
參數	● open：開盤價。 ● high：最高價。 ● low：最低價。 ● close：收盤價。 ● penetration：預設為 0。
回傳	integer

程式碼如下：

```
if __name__=='__main__':
    finish_time = cal_timestamp(str(datetime.now()))
    start_time = cal_timestamp('2019-01-01 0:0:0.0')
    klines = get_history_klines(finish_time, start_time, '1d')

    CDLMATHOLD_data = pd.DataFrame()
    CDLMATHOLD_data['integer'] = \
        talib.CDLMATHOLD(
            klines['Open'],
            klines['High'],
            klines['Low'],
            klines['Close'],
        )

    print(CDLMATHOLD_data)
```

● CDLMORNINGDOJISTAR – Morning Doji Star（十字晨星）

函式名	CDLMORNINGDOJISTAR
名稱	十字晨星
簡介	三日 K 線模式，基本模式為晨星，第二日 K 線為十字星，預示底部反轉。
參數	● open：開盤價。 ● high：最高價。 ● low：最低價。 ● close：收盤價。 ● penetration：預設為 0。
回傳	integer

程式碼如下：

```
if __name__=='__main__':
    finish_time = cal_timestamp(str(datetime.now()))
    start_time = cal_timestamp('2019-01-01 0:0:0.0')
```

```
klines = get_history_klines(finish_time, start_time, '1d')

CDLMORNINGDOJISTAR_data = pd.DataFrame()
CDLMORNINGDOJISTAR_data['integer'] = \
    talib.CDLMORNINGDOJISTAR(
        klines['Open'],
        klines['High'],
        klines['Low'],
        klines['Close'],
    )

print(CDLMORNINGDOJISTAR_data)
```

CDLMORNINGSTAR – Morning Star（晨星）

函式名	CDLMORNINGSTAR
名稱	晨星
簡介	三日 K 線模式，下跌趨勢，第一日陰線，第二日價格振幅較小，第三天陽線，預示底部反轉。
參數	● open：開盤價。 ● high：最高價。 ● low：最低價。 ● close：收盤價。 ● penetration：預設為 0。
回傳	integer

程式碼如下：

```
if __name__ =='__main__':
    finish_time = cal_timestamp(str(datetime.now()))
    start_time = cal_timestamp('2019-01-01 0:0:0.0')
    klines = get_history_klines(finish_time, start_time, '1d')

    CDLMORNINGSTAR_data = pd.DataFrame()
    CDLMORNINGSTAR_data['integer'] = \
```

```
    talib.CDLMORNINGSTAR(
        klines['Open'],
        klines['High'],
        klines['Low'],
        klines['Close'],
    )

print(CDLMORNINGSTAR_data)
```

● CDLONNECK – On-Neck Pattern（頸上線）

函式名	CDLONNECK
名稱	頸上線
簡介	二日 K 線模式，下跌趨勢中，第一日長陰線，第二日開盤價較低，收盤價與前一日最低價相同，陽線，實體較短，預示著延續下跌趨勢。
參數	● open：開盤價。 ● high：最高價。 ● low：最低價。 ● close：收盤價。
回傳	integer

程式碼如下：

```
if __name__=='__main__':
    finish_time = cal_timestamp(str(datetime.now()))
    start_time = cal_timestamp('2019-01-01 0:0:0.0')
    klines = get_history_klines(finish_time, start_time, '1d')

    CDLONNECK_data = pd.DataFrame()
    CDLONNECK_data['integer'] = \
        talib.CDLONNECK(
            klines['Open'],
            klines['High'],
            klines['Low'],
            klines['Close'],
```

```
    )

    print(CDLONNECK_data)
```

● CDLPIERCING – Piercing Pattern（刺透）

函式名	CDLPIERCING
名稱	刺透
簡介	兩日 K 線模式，下跌趨勢中，第一日陰線，第二日收盤價低於前一日最低價，收盤價處在第一日實體上部，預示著底部反轉。
參數	<ul><li>open：開盤價。</li><li>high：最高價。</li><li>low：最低價。</li><li>close：收盤價。</li></ul>
回傳	integer

程式碼如下：

```
if __name__=='__main__':
    finish_time = cal_timestamp(str(datetime.now()))
    start_time = cal_timestamp('2019-01-01 0:0:0.0')
    klines = get_history_klines(finish_time, start_time, '1d')


    CDLPIERCING_data = pd.DataFrame()
    CDLPIERCING_data['integer'] = \
        talib.CDLPIERCING(
            klines['Open'],
            klines['High'],
            klines['Low'],
            klines['Close'],
        )


    print(CDLPIERCING_data)
```

⬤ CDLRICKSHAWMAN – Rickshaw Man（黃包車夫）

函式名	CDLRICKSHAWMAN
名稱	黃包車夫
簡介	一日 K 線模式，與長腿十字線類似，若實體正好處於價格振幅中點，稱為「黃包車夫」。
參數	● open：開盤價。　　　　　● low：最低價。 ● high：最高價。　　　　　● close：收盤價。
回傳	integer

程式碼如下：

```python
if __name__=='__main__':
    finish_time = cal_timestamp(str(datetime.now()))
    start_time = cal_timestamp('2019-01-01 0:0:0.0')
    klines = get_history_klines(finish_time, start_time, '1d')


    CDLRICKSHAWMAN_data = pd.DataFrame()
    CDLRICKSHAWMAN_data['integer'] = \
        talib.CDLRICKSHAWMAN(
            klines['Open'],
            klines['High'],
            klines['Low'],
            klines['Close'],
        )


    print(CDLRICKSHAWMAN_data)
```

⬤ CDLRISEFALL3METHODS – Rising / Falling Three Methods（上升 / 下降三法）

函式名	CDLRISEFALL3METHODS
名稱	上升 / 下降三法

簡介	五日K線模式，以上升三法為例，上漲趨勢中，第一日長陽線，中間三日價格在第一日範圍內小幅震盪，第五日長陽線，收盤價高於第一日收盤價，預示價格上升。	
參數	● open：開盤價。	● low：最低價。
	● high：最高價。	● close：收盤價。
回傳	integer	

程式碼如下：

```python
if __name__=='__main__':
    finish_time = cal_timestamp(str(datetime.now()))
    start_time = cal_timestamp('2019-01-01 0:0:0.0')
    klines = get_history_klines(finish_time, start_time, '1d')

    CDLRISEFALL3METHODS_data = pd.DataFrame()
    CDLRISEFALL3METHODS_data['integer'] = \
        talib.CDLRISEFALL3METHODS(
            klines['Open'],
            klines['High'],
            klines['Low'],
            klines['Close'],
        )

    print(CDLRISEFALL3METHODS_data)
```

● CDLSEPARATINGLINES – Separating Lines（分離線）

函式名	CDLSEPARATINGLINES	
名稱	分離線	
簡介	二日K線模式，上漲趨勢中，第一日陰線，第二日陽線，第二日開盤價與第一日相同且為最低價，預示著趨勢繼續。	
參數	● open：開盤價。	● low：最低價。
	● high：最高價。	● close：收盤價。
回傳	integer	

程式碼如下：

```
if __name__=='__main__':
    finish_time = cal_timestamp(str(datetime.now()))
    start_time = cal_timestamp('2019-01-01 0:0:0.0')
    klines = get_history_klines(finish_time, start_time, '1d')

    CDLSEPARATINGLINES_data = pd.DataFrame()
    CDLSEPARATINGLINES_data['integer'] = \
        talib.CDLSEPARATINGLINES(
            klines['Open'],
            klines['High'],
            klines['Low'],
            klines['Close'],
        )

    print(CDLSEPARATINGLINES_data)
```

● CDLSHOOTINGSTAR – Shooting Star（射擊之星）

函式名	CDLSHOOTINGSTAR
名稱	射擊之星
簡介	一日 K 線模式，上影線至少為實體長度兩倍，沒有下影線，預示著價格下跌。
參數	● open：開盤價。 ● high：最高價。 ● low：最低價。 ● close：收盤價。
回傳	integer

程式碼如下：

```
if __name__=='__main__':
    finish_time = cal_timestamp(str(datetime.now()))
    start_time = cal_timestamp('2019-01-01 0:0:0.0')
    klines = get_history_klines(finish_time, start_time, '1d')
```

```
CDLSHOOTINGSTAR_data = pd.DataFrame()
CDLSHOOTINGSTAR_data['integer'] = \
    talib.CDLSHOOTINGSTAR(
        klines['Open'],
        klines['High'],
        klines['Low'],
        klines['Close'],
    )

print(CDLSHOOTINGSTAR_data)
```

CDLSHORTLINE – Short Line Candle（短蠟燭）

函式名	CDLSHORTLINE
名稱	短蠟燭
簡介	一日K線模式，實體短，無上下影線。
參數	● open：開盤價。 ● high：最高價。 ● low：最低價。 ● close：收盤價。
回傳	integer

程式碼如下：

```
if __name__=='__main__':
    finish_time = cal_timestamp(str(datetime.now()))
    start_time = cal_timestamp('2019-01-01 0:0:0.0')
    klines = get_history_klines(finish_time, start_time, '1d')

    CDLSHORTLINE_data = pd.DataFrame()
    CDLSHORTLINE_data['integer'] = \
        talib.CDLSHORTLINE(
            klines['Open'],
            klines['High'],
```

```
            klines['Low'],
            klines['Close'],
        )

    print(CDLSHORTLINE_data)
```

CDLSPINNINGTOP – Spinning Top（紡錘）

函式名	CDLSPINNINGTOP
名稱	紡錘
簡介	一日 K 線，實體小。
參數	<ul><li>open：開盤價。</li><li>high：最高價。</li><li>low：最低價。</li><li>close：收盤價。</li></ul>
回傳	integer

程式碼如下：

```
if __name__=='__main__':
    finish_time = cal_timestamp(str(datetime.now()))
    start_time = cal_timestamp('2019-01-01 0:0:0.0')
    klines = get_history_klines(finish_time, start_time, '1d')

    CDLSPINNINGTOP_data = pd.DataFrame()
    CDLSPINNINGTOP_data['integer'] = \
        talib.CDLSPINNINGTOP(
            klines['Open'],
            klines['High'],
            klines['Low'],
            klines['Close'],
        )

    print(CDLSPINNINGTOP_data)
```

● CDLSTALLEDPATTERN – Stalled Pattern（停頓）

函式名	CDLSTALLEDPATTERN
名稱	停頓
簡介	三日 K 線模式，上漲趨勢中，第二日長陽線，第三日開盤於前一日收盤價附近，短陽線，預示著上漲結束。
參數	● open：開盤價。　　　　　　● low：最低價。 ● high：最高價。　　　　　　● close：收盤價。
回傳	integer

程式碼如下：

```python
if __name__=='__main__':
    finish_time = cal_timestamp(str(datetime.now()))
    start_time = cal_timestamp('2019-01-01 0:0:0.0')
    klines = get_history_klines(finish_time, start_time, '1d')

    CDLSTALLEDPATTERN_data = pd.DataFrame()
    CDLSTALLEDPATTERN_data['integer'] = \
        talib.CDLSTALLEDPATTERN(
            klines['Open'],
            klines['High'],
            klines['Low'],
            klines['Close'],
        )

    print(CDLSTALLEDPATTERN_data)
```

● CDLSTICKSANDWICH – Stick Sandwich（條形三明治）

函式名	CDLSTICKSANDWICH
名稱	條形三明治
簡介	三日 K 線模式，第一日長陰線，第二日陽線，開盤價高於前一日收盤價，第三日開盤價高於前兩日最高價，收盤價與第一日收盤價相同。

參數	• open：開盤價。	• low：最低價。
	• high：最高價。	• close：收盤價。
回傳	integer	

程式碼如下：

```python
if __name__=='__main__':
    finish_time = cal_timestamp(str(datetime.now()))
    start_time = cal_timestamp('2019-01-01 0:0:0.0')
    klines = get_history_klines(finish_time, start_time, '1d')

    CDLSTICKSANDWICH_data = pd.DataFrame()
    CDLSTICKSANDWICH_data['integer'] = \
        talib.CDLSTICKSANDWICH(
            klines['Open'],
            klines['High'],
            klines['Low'],
            klines['Close'],
        )

    print(CDLSTICKSANDWICH_data)
```

● CDLTAKURI – Takuri (Dragonfly Doji with very long lower shadow)（探水竿）

函式名	CDLTAKURI
名稱	探水竿
簡介	一日 K 線模式，大致與蜻蜓十字相同，下影線長度長。
參數	• open：開盤價。　　　　　• low：最低價。
	• high：最高價。　　　　　• close：收盤價。
回傳	integer

程式碼如下：

```
if __name__=='__main__':
    finish_time = cal_timestamp(str(datetime.now()))
    start_time = cal_timestamp('2019-01-01 0:0:0.0')
    klines = get_history_klines(finish_time, start_time, '1d')

    CDLTAKURI_data = pd.DataFrame()
    CDLTAKURI_data['integer'] = \
        talib.CDLTAKURI(
            klines['Open'],
            klines['High'],
            klines['Low'],
            klines['Close'],
        )

    print(CDLTAKURI_data)
```

● CDLTASUKIGAP – Tasuki Gap（跳空並列陰陽線）

函式名	CDLTASUKIGAP
名稱	跳空並列陰陽線
簡介	三日K線模式，分為「上漲」和「下跌」，以上升為例，前兩日陽線，第二日跳空，第三日陰線，收盤價於缺口中，上升趨勢持續。
參數	● open：開盤價。 ● high：最高價。 ● low：最低價。 ● close：收盤價。
回傳	integer

程式碼如下：

```
if __name__=='__main__':
    finish_time = cal_timestamp(str(datetime.now()))
    start_time = cal_timestamp('2019-01-01 0:0:0.0')
    klines = get_history_klines(finish_time, start_time, '1d')
```

```
CDLTASUKIGAP_data = pd.DataFrame()
CDLTASUKIGAP_data['integer'] = \
    talib.CDLTASUKIGAP(
        klines['Open'],
        klines['High'],
        klines['Low'],
        klines['Close'],
    )


print(CDLTASUKIGAP_data)
```

● CDLTHRUSTING – Thrusting Pattern（插入）

函式名	CDLTHRUSTING
名稱	插入
簡介	二日K線模式，與頸上線類似，下跌趨勢中，第一日長陰線，第二日開盤價跳空，收盤價略低於前一日實體中部，與頸上線相比實體較長，預示著趨勢持續。
參數	● open：開盤價。 ● high：最高價。 ● low：最低價。 ● close：收盤價。
回傳	integer

程式碼如下：

```
if __name__=='__main__':
    finish_time = cal_timestamp(str(datetime.now()))
    start_time = cal_timestamp('2019-01-01 0:0:0.0')
    klines = get_history_klines(finish_time, start_time, '1d')


    CDLTHRUSTING_data = pd.DataFrame()
    CDLTHRUSTING_data['integer'] = \
        talib.CDLTHRUSTING(
            klines['Open'],
            klines['High'],
```

```
            klines['Low'],
            klines['Close'],
        )

    print(CDLTHRUSTING_data)
```

CDLTRISTAR – Tristar Pattern（三星）

函式名	CDLTRISTAR
名稱	三星
簡介	三日Ｋ線模式，由三個十字組成，第二日十字必須高於或者低於第一日和第三日，預示著反轉。
參數	● open：開盤價。 ● high：最高價。 ● low：最低價。 ● close：收盤價。
回傳	integer

程式碼如下：

```
if __name__=='__main__':
    finish_time = cal_timestamp(str(datetime.now()))
    start_time = cal_timestamp('2019-01-01 0:0:0.0')
    klines = get_history_klines(finish_time, start_time, '1d')

    CDLTRISTAR_data = pd.DataFrame()
    CDLTRISTAR_data['integer'] = \
        talib.CDLTRISTAR(
            klines['Open'],
            klines['High'],
            klines['Low'],
            klines['Close'],
        )

    print(CDLTRISTAR_data)
```

CDLUNIQUE3RIVER – Unique 3 River（奇特三河床）

函式名	CDLUNIQUE3RIVER
名稱	奇特三河床
簡介	三日K線模式，下跌趨勢中，第一日長陰線，第二日為錘頭，最低價創新低，第三日開盤價低於第二日收盤價，收陽線，收盤價不高於第二日收盤價，預示著反轉，第二日下影線越長可能性越大。
參數	● open：開盤價。 ● high：最高價。 ● low：最低價。 ● close：收盤價。
回傳	integer

程式碼如下：

```python
if __name__=='__main__':
    finish_time = cal_timestamp(str(datetime.now()))
    start_time = cal_timestamp('2019-01-01 0:0:0.0')
    klines = get_history_klines(finish_time, start_time, '1d')

    CDLUNIQUE3RIVER_data = pd.DataFrame()
    CDLUNIQUE3RIVER_data['integer'] = \
        talib.CDLUNIQUE3RIVER(
            klines['Open'],
            klines['High'],
            klines['Low'],
            klines['Close'],
        )

    print(CDLUNIQUE3RIVER_data)
```

CDLUPSIDEGAP2CROWS – Upside Gap Two Crows（向上跳空雙烏鴉）

函式名	CDLUPSIDEGAP2CROWS
名稱	向上跳空雙烏鴉
簡介	三日 K 線模式，第一日陽線，第二日跳空以高於第一日最高價開盤，收陰線，第三日開盤價高於第二日，收陰線，與第一日比仍有缺口。
參數	● open：開盤價。 ● high：最高價。 ● low：最低價。 ● close：收盤價。
回傳	integer

程式碼如下：

```python
if __name__ =='__main__':
    finish_time = cal_timestamp(str(datetime.now()))
    start_time = cal_timestamp('2019-01-01 0:0:0.0')
    klines = get_history_klines(finish_time, start_time, '1d')

    CDLUPSIDEGAP2CROWS_data = pd.DataFrame()
    CDLUPSIDEGAP2CROWS_data['integer'] = \
        talib.CDLUPSIDEGAP2CROWS(
            klines['Open'],
            klines['High'],
            klines['Low'],
            klines['Close'],
        )

    print(CDLUPSIDEGAP2CROWS_data)
```

CDLXSIDEGAP3METHODS – Upside / Downside Gap Three Methods（上升 / 下降跳空三法）

函式名	CDLXSIDEGAP3METHODS
名稱	上升 / 下降跳空三法
簡介	五日 K 線模式，以上升跳空三法為例，上漲趨勢中，第一日長陽線，第二日短陽線，第三日跳空陽線，第四日陰線，開盤價與收盤價於前兩日實體內，第五日長陽線，收盤價高於第一日收盤價，預示價格上升。
參數	• open：開盤價。 • high：最高價。 • low：最低價。 • close：收盤價。
回傳	integer

程式碼如下：

```python
if __name__=='__main__':
    finish_time = cal_timestamp(str(datetime.now()))
    start_time = cal_timestamp('2019-01-01 0:0:0.0')
    klines = get_history_klines(finish_time, start_time, '1d')

    CDLXSIDEGAP3METHODS_data = pd.DataFrame()
    CDLXSIDEGAP3METHODS_data['integer'] = \
        talib.CDLXSIDEGAP3METHODS(
            klines['Open'],
            klines['High'],
            klines['Low'],
            klines['Close'],
        )

    print(CDLXSIDEGAP3METHODS_data)
```

5/9 統計函式（Statistic Functions）

透過統計學技術，可以從多數貨幣的相關性集合中篩選出合適的基礎幣種，並對其進行排名，這樣的分類比人工的分類更加精確。

● BETA – Beta（貝塔係數）

函式名	BETA
名稱	貝塔係數
簡介	一種風險指數，用來衡量個別貨幣相對於整個的價格波動情況，β 係數衡量收益相對於業績評價基準收益的母體波動性，是一個相對指標。β 越高，意味著貨幣相對於業績評價基準的波動性越大。β 大於 1，則價格波動性大於業績評價基準的波動性。反之亦然。
應用	• 計算資本成本，做出投資決策（只有回報率高於資本成本的專案才應投資）。 • 計算資本成本，制定業績考核及激勵標準。 • 計算資本成本，進行資產估值（β 是現金流貼現模型的基礎）。 • 確定單個資產或組合的系統風險，用於資產組合的投資管理，特別是股指期貨或其他金融衍生品的避險（或投機）。
參數	• high：最高價。 • low：最低價。 • timeperiod：週期（天），預設為 5 天。
回傳	BETA

程式碼如下：

```
if __name__=='__main__':
    finish_time = cal_timestamp(str(datetime.now()))
    start_time = cal_timestamp('2019-01-01 0:0:0.0')
    klines = get_history_klines(finish_time, start_time, '1d')

    BETA_data = pd.DataFrame()
    BETA_data['BETA'] = \
```

```
    talib.BETA(
        klines['High'],
        klines['Low'],
        timeperiod=5
    )

print(BETA_data)
```

```
D:\futures_exam\Scripts\python.exe D:/book/main.py
            BETA
0            NaN
1            NaN
2            NaN
3            NaN
4            NaN
...          ...
1071    0.580000
1072   -1.038955
1073    0.023544
1074   -0.093338
1075   -0.038809

[1076 rows x 1 columns]
```

⋒圖 5-63　執行結果

● CORREL – Pearson's Correlation Cofficient(r)（皮爾遜相關係數）

函式名	CORREL
名稱	皮爾遜相關係數
簡介	用於度量兩個變數 X 和 Y 之間的相關（線性相關），其值介於 -1 與 1 之間，皮爾遜相關係數是一種度量兩個變數間相關程度的方法。它是一個介於 1 和 -1 之間的值，其中 1 表示變數完全正相關，0 表示無關，-1 表示完全負相關。
參數	● high：最高價。 ● low：最低價。 ● timeperiod：週期（天），預設為 30 天。
回傳	CORREL

程式碼如下：

```python
if __name__=='__main__':
    finish_time = cal_timestamp(str(datetime.now()))
    start_time = cal_timestamp('2019-01-01 0:0:0.0')
    klines = get_history_klines(finish_time, start_time, '1d')

    CORREL_data = pd.DataFrame()
    CORREL_data['CORREL'] = \
        talib.CORREL(
            klines['High'],
            klines['Low'],
            timeperiod=5
        )

    print(CORREL_data)
```

```
D:\futures_exam\Scripts\python.exe D:/book/main.py
          CORREL
0            NaN
1            NaN
2            NaN
3            NaN
4       0.067103
...          ...
1071    0.160938
1072    0.503406
1073    0.178889
1074    0.452220
1075    0.461123

[1076 rows x 1 columns]
```

↑圖 5-64 執行結果

🌐 LINEARREG – Linear Regression（線性迴歸）

函式名	LINEARREG
名稱	線性迴歸
簡介	確定兩種或兩種以上變數間相互依賴的定量關係的一種統計分析方法，其表達形式為 y = w'x+e，e 為誤差服從均值為 0 的常態分布。
參數	• close：收盤價。 • timeperiod：週期（天），預設為 14 天。
回傳	LINEARREG

程式碼如下：

```python
if __name__=='__main__':
    finish_time = cal_timestamp(str(datetime.now()))
    start_time = cal_timestamp('2019-01-01 0:0:0.0')
    klines = get_history_klines(finish_time, start_time, '1d')

    LINEARREG_data = pd.DataFrame()
    LINEARREG_data['LINEARREG'] = \
        talib.LINEARREG(
            klines['Close'],
            timeperiod=14
        )

    print(LINEARREG_data)
```

```
D:\futures_exam\Scripts\python.exe D:/book/main.py
         LINEARREG
0              NaN
1              NaN
2              NaN
3              NaN
4              NaN
...            ...
1071   1635.611143
1072   1624.605429
1073   1638.191429
1074   1639.312286
1075   1638.408857

[1076 rows x 1 columns]
```

⋒圖 5-65　執行結果

⬤ LINEARREG_ANGLE – Linear Regression Angle（線性迴歸角度）

函式名	LINEARREG_ANGLE
名稱	線性迴歸角度
簡介	確定價格的角度變化。

參數	• close：收盤價。
	• timeperiod：週期（天），預設為 14 天。
回傳	LINEARREG_ANGLE

程式碼如下：

```
if __name__=='__main__':
    finish_time = cal_timestamp(str(datetime.now()))
    start_time = cal_timestamp('2019-01-01 0:0:0.0')
    klines = get_history_klines(finish_time, start_time, '1d')

    LINEARREG_ANGLE_data = pd.DataFrame()
    LINEARREG_ANGLE_data['LINEARREG_ANGLE'] = \
        talib.LINEARREG_ANGLE(
            klines['Close'],
            timeperiod=14
        )

    print(LINEARREG_ANGLE_data)
```

```
D:\futures_exam\Scripts\python.exe D:/book/main.py
        LINEARREG_ANGLE
0                   NaN
1                   NaN
2                   NaN
3                   NaN
4                   NaN
...                 ...
1071          87.763334
1072          87.297379
1073          87.061798
1074          86.471387
1075          85.668563

[1076 rows x 1 columns]
```

⋒ 圖 5-66　執行結果

⬤ LINEARREG_INTERCEPT – Linear Regression Intercept（線性迴歸截距）

函式名	LINEARREG_INTERCEPT
名稱	線性迴歸截距
簡介	確定價格的截距變化。
參數	• close：收盤價。 • timeperiod：週期（天），預設為 14 天。
回傳	LINEARREG_INTERCETP

程式碼如下：

```
if __name__=='__main__':
    finish_time = cal_timestamp(str(datetime.now()))
    start_time = cal_timestamp('2019-01-01 0:0:0.0')
    klines = get_history_klines(finish_time, start_time, '1d')

    LINEARREG_INTERCEPT_data = pd.DataFrame()
    LINEARREG_INTERCEPT_data['LINEARREG_INTERCEPT'] = \
        talib.LINEARREG_INTERCEPT(
            klines['Close'],
            timeperiod=14
        )

    print(LINEARREG_INTERCEPT_data)
```

```
D:\futures_exam\Scripts\python.exe D:/book/main.py
     LINEARREG_INTERCEPT
0                     NaN
1                     NaN
2                     NaN
3                     NaN
4                     NaN
...                   ...
1071          1302.764571
1072          1349.208857
1073          1384.910000
1074          1428.492000
1075          1466.774000

[1076 rows x 1 columns]
```

⋔圖 5-67　執行結果

LINEARREG_SLOPE – Linear Regression Slope（線性迴歸率指標）

函式名	LINEARREG_SLOPE
名稱	線性迴歸率指標
簡介	確定價格的斜率指標變化。
參數	• close：收盤價。 • timeperiod：週期（天），預設為 14 天。
回傳	LINEARREG_SLOPE

程式碼如下：

```python
if __name__=='__main__':
    finish_time = cal_timestamp(str(datetime.now()))
    start_time = cal_timestamp('2019-01-01 0:0:0.0')
    klines = get_history_klines(finish_time, start_time, '1d')

    LINEARREG_SLOPE_data = pd.DataFrame()
    LINEARREG_SLOPE_data['LINEARREG_SLOPE'] = \
        talib.LINEARREG_SLOPE(
            klines['Close'],
            timeperiod=14
        )

    print(LINEARREG_SLOPE_data)
```

```
D:\futures_exam\Scripts\python.exe D:/book/main.py
      LINEARREG_SLOPE
0                 NaN
1                 NaN
2                 NaN
3                 NaN
4                 NaN
...               ...
1071        25.603582
1072        21.184352
1073        19.483187
1074        16.216945
1075        13.202681

[1076 rows x 1 columns]
```

↑圖 5-68　執行結果

● STDDEV – Standard Deviation（標準差）

函式名	STDDEV
名稱	標準差
簡介	一種量度資料分布的分散程度之標準，用以衡量資料值偏離算術平均值的程度。標準差越小，這些值偏離平均值就越少，反之亦然。標準差的大小可透過標準差與平均值的倍率關係來衡量。
參數	● close：收盤價。 ● timeperiod：週期（天），預設為 5 天。 ● nbdev：預設為 1。
回傳	STDDEV

程式碼如下：

```python
if __name__=='__main__':
    finish_time = cal_timestamp(str(datetime.now()))
    start_time = cal_timestamp('2019-01-01 0:0:0.0')
    klines = get_history_klines(finish_time, start_time, '1d')

    STDDEV_data = pd.DataFrame()
    STDDEV_data['STDDEV'] = \
        talib.STDDEV(
            klines['Close'],
            timeperiod=14,
            nbdev=1
        )

    print(STDDEV_data)
```

```
D:\futures_exam\Scripts\python.exe D:/book/main.py
          STDDEV
0            NaN
1            NaN
2            NaN
3            NaN
4            NaN
...          ...
1071  118.193033
1072  106.886204
1073  100.310371
1074   87.689808
1075   76.541709

[1076 rows x 1 columns]
```

∩ 圖 5-69　執行結果

● TSF – Time Series Forecast（時間序列預測）

函式名	TSF
名稱	時間序列預測
簡介	一種歷史資料延伸預測，也稱為「歷史引伸預測法」，是以時間序列所能反映的社會經濟現象的發展過程和規律性來進行引伸外推，預測其發展趨勢的方法。
參數	● close：收盤價。 ● timeperiod：週期（天），預設為 14 天。
回傳	TSF

程式碼如下：

```python
if __name__=='__main__':
    finish_time = cal_timestamp(str(datetime.now()))
    start_time = cal_timestamp('2019-01-01 0:0:0.0')
    klines = get_history_klines(finish_time, start_time, '1d')

    TSF_data = pd.DataFrame()
    TSF_data['TSF'] = \
        talib.TSF(
            klines['Close'],
            timeperiod=14,
        )

    print(TSF_data)
```

```
D:\futures_exam\Scripts\python.exe D:/book/main.py
             TSF
0            NaN
1            NaN
2            NaN
3            NaN
4            NaN
...          ...
1071   1661.214725
1072   1645.789780
1073   1657.674615
1074   1655.529231
1075   1651.611538

[1076 rows x 1 columns]
```

⋒圖 5-70　執行結果

⬤ VAR – VAR（變異數）

函式名	VAR
名稱	變異數
簡介	變異數用來計算每一個變數（觀察值）與母體平均數之間的差異。為避免出現離均差總和為零，離均差平方和受樣本含量的影響，統計學採用平均離均差平方和來描述變數的變異程度。
參數	● close：收盤價。 ● timeperiod：週期（天），預設為 5 天。 ● nbdev：預設為 1。
回傳	VAR

程式碼如下：

```
if __name__=='__main__':
    finish_time = cal_timestamp(str(datetime.now()))
    start_time = cal_timestamp('2019-01-01 0:0:0.0')
    klines = get_history_klines(finish_time, start_time, '1d')

    VAR_data = pd.DataFrame()
    VAR_data['VAR'] = \
        talib.VAR(
            klines['Close'],
```

```
        timeperiod=5,
        nbdev=1
    )

print(VAR_data)
```

```
D:\futures_exam\Scripts\python.exe D:/book/main.py
              VAR
0             NaN
1             NaN
2             NaN
3             NaN
4        2.106616
...           ...
1071  1098.579736
1072   807.143976
1073  1980.205416
1074  2528.736136
1075  2861.887664

[1076 rows x 1 columns]
```

∩圖 5-71　執行結果

5/10 數學變換（Math Transform）

　　TA-Lib 是金融商品分析十分有效且直接的手段，在實際操作上常需要計算各種簡單或複雜的技術指標來分析及參考，所以 TA-Lib 也提供了幾個數學轉換及運算的函式可供使用。

ACOS – Vector Trigonometric ACos（反餘弦函數）

函式名	ACOS
名稱	反餘弦函數
參數	close：收盤價。
回傳	ACOS

程式碼如下：

```
if __name__=='__main__':
    finish_time = cal_timestamp(str(datetime.now()))
    start_time = cal_timestamp('2019-01-01 0:0:0.0')
    klines = get_history_klines(finish_time, start_time, '1d')


    ACOS_data = pd.DataFrame()
    ACOS_data['ACOS'] = \
        talib.ACOS(
            klines['Close'],
        )


    print(ACOS_data)
```

```
D:\futures_exam\Scripts\python.exe D:/book/main.py
        ACOS
0        NaN
1        NaN
2        NaN
3        NaN
4        NaN
...      ...
1071     NaN
1072     NaN
1073     NaN
1074     NaN
1075     NaN

[1076 rows x 1 columns]
```

∩ 圖 5-72　執行結果

⬤ ASIN – Vector Trigonometric Asin（反正弦函數）

函式名	ASIN
名稱	反正弦函數
參數	close：收盤價。
回傳	ASIN

程式碼如下：

```
if __name__ =='__main__':
    finish_time = cal_timestamp(str(datetime.now()))
    start_time = cal_timestamp('2019-01-01 0:0:0.0')
    klines = get_history_klines(finish_time, start_time, '1d')

    ASIN_data = pd.DataFrame()
    ASIN_data['ASIN'] = \
        talib.ASIN(
            klines['Close'],
        )

    print(ASIN_data)
```

```
D:\futures_exam\Scripts\python.exe D:/book/main.py
       ASIN
0       NaN
1       NaN
2       NaN
3       NaN
4       NaN
...     ...
1071    NaN
1072    NaN
1073    NaN
1074    NaN
1075    NaN

[1076 rows x 1 columns]
```

⊙ 圖 5-73 執行結果

⚫ ATAN – Vector Trigonometric ATan（反正切函數）

函式名	ATAN
名稱	反正切函數
參數	close：收盤價。
回傳	ATAN

程式碼如下：

```
if __name__ =='__main__':
    finish_time = cal_timestamp(str(datetime.now()))
```

```
start_time = cal_timestamp('2019-01-01 0:0:0.0')
klines = get_history_klines(finish_time, start_time, '1d')


ATAN_data = pd.DataFrame()
ATAN_data['ATAN'] = \
    talib.ATAN(
        klines['Close'],
    )


print(ATAN_data)
```

```
D:\futures_exam\Scripts\python.exe D:/book/main.py
          ATAN
0      1.564240
1      1.564151
2      1.564320
3      1.564191
4      1.564159
...         ...
1071   1.570137
1072   1.570143
1073   1.570188
1074   1.570181
1075   1.570181

[1076 rows x 1 columns]
```

∩圖 5-74　執行結果

● CEIL – Vector Ceil（向上取整數）

函式名	CEIL
名稱	向上取整數
參數	close：收盤價。
回傳	CEIL

程式碼如下：

```
if __name__=='__main__':
    finish_time = cal_timestamp(str(datetime.now()))
    start_time = cal_timestamp('2019-01-01 0:0:0.0')
    klines = get_history_klines(finish_time, start_time, '1d')
```

```
CEIL_data = pd.DataFrame()
CEIL_data['CEIL'] = \
    talib.CEIL(
        klines['Close'],
    )


print(CEIL_data)
```

```
D:\futures_exam\Scripts\python.exe D:/book/main.py
        CEIL
0       153.0
1       151.0
2       155.0
3       152.0
4       151.0
...      ...
1071    1518.0
1072    1531.0
1073    1645.0
1074    1627.0
1075    1626.0

[1076 rows x 1 columns]
```

∩圖 5-75 執行結果

COS – Vector Trigonometric Cos（餘弦函數）

函式名	COS
名稱	餘弦函數
參數	close：收盤價。
回傳	COS

程式碼如下：

```
if __name__=='__main__':
    finish_time = cal_timestamp(str(datetime.now()))
    start_time = cal_timestamp('2019-01-01 0:0:0.0')
    klines = get_history_klines(finish_time, start_time, '1d')


    COS_data = pd.DataFrame()
```

```
COS_data['COS'] = \
    talib.COS(
        klines['Close'],
    )


print(COS_data)
```

```
D:\futures_exam\Scripts\python.exe D:/book/main.py
              COS
0       -0.152163
1        0.950347
2       -0.890679
3        0.834510
4        0.989296
...           ...
1071    -0.991659
1072    -0.950989
1073    -0.508769
1074     0.329526
1075    -0.632052

[1076 rows x 1 columns]
```

⋒圖 5-76　執行結果

● COSH – Vector Trigonometric Cosh（雙曲正弦函數）

函式名	COSH
名稱	雙曲正弦函數
參數	close：收盤價。
回傳	COSH

程式碼如下：

```
if __name__=='__main__':
    finish_time = cal_timestamp(str(datetime.now()))
    start_time = cal_timestamp('2019-01-01 0:0:0.0')
    klines = get_history_klines(finish_time, start_time, '1d')


    COSH_data = pd.DataFrame()
    COSH_data['COSH'] = \
        talib.COSH(
```

```
        klines['Close'],
    )


print(COSH_data)
```

```
D:\futures_exam\Scripts\python.exe D:/book/main.py
              COSH
0     8.660927e+65
1     1.126169e+65
2     5.732987e+66
3     2.769929e+65
4     1.334854e+65
...            ...
1071           inf
1072           inf
1073           inf
1074           inf
1075           inf

[1076 rows x 1 columns]
```

⋂ 圖 5-77　執行結果

● EXP – Vector Arithmetic Exp（指數曲線）

函式名	EXP
名稱	指數曲線
參數	close：收盤價。
回傳	EXP

程式碼如下：

```
if __name__=='__main__':
    finish_time = cal_timestamp(str(datetime.now()))
    start_time = cal_timestamp('2019-01-01 0:0:0.0')
    klines = get_history_klines(finish_time, start_time, '1d')

    EXP_data = pd.DataFrame()
    EXP_data['EXP'] = \
        talib.EXP(
            klines['Close'],
        )
```

```
print(EXP_data)
```

```
D:\futures_exam\Scripts\python.exe D:/book/main.py
                EXP
0       1.732185e+66
1       2.252338e+65
2       1.146597e+67
3       5.539858e+65
4       2.669708e+65
...              ...
1071             inf
1072             inf
1073             inf
1074             inf
1075             inf

[1076 rows x 1 columns]
```

⨀圖 5-78　執行結果

⬤ FLOOR – Vector Floor（向下取整數）

函式名	FLOOR
名稱	向下取整數
參數	close：收盤價。
回傳	FLOOR

程式碼如下：

```
if __name__=='__main__':
    finish_time = cal_timestamp(str(datetime.now()))
    start_time = cal_timestamp('2019-01-01 0:0:0.0')
    klines = get_history_klines(finish_time, start_time, '1d')

    FLOOR_data = pd.DataFrame()
    FLOOR_data['FLOOR'] = \
        talib.FLOOR(
            klines['Close'],
        )

    print(FLOOR_data)
```

```
D:\futures_exam\Scripts\python.exe D:/book/main.py
        FLOOR
0       152.0
1       150.0
2       154.0
3       151.0
4       150.0
...       ...
1071   1517.0
1072   1530.0
1073   1644.0
1074   1626.0
1075   1625.0

[1076 rows x 1 columns]
```

❶圖 5-79 執行結果

LN – Vector Log Natural（自然對數）

函式名	LN
名稱	自然對數
參數	close：收盤價。
回傳	LN

程式碼如下：

```python
if __name__=='__main__':
    finish_time = cal_timestamp(str(datetime.now()))
    start_time = cal_timestamp('2019-01-01 0:0:0.0')
    klines = get_history_klines(finish_time, start_time, '1d')

    LN_data = pd.DataFrame()
    LN_data['LN'] = \
        talib.LN(
            klines['Close'],
        )

    print(LN_data)
```

```
D:\futures_exam\Scripts\python.exe D:/book/main.py
          LN
0      5.027296
1      5.013830
2      5.039611
3      5.019793
4      5.014959
...       ...
1071   7.324661
1072   7.333199
1073   7.404942
1074   7.393946
1075   7.393318

[1076 rows x 1 columns]
```

ⓝ圖 5-80   執行結果

◍ LOG10 – Vector Log10（對數函數）

函式名	LOG10
名稱	對數函數
參數	close：收盤價。
回傳	LOG10

程式碼如下：

```python
if __name__=='__main__':
    finish_time = cal_timestamp(str(datetime.now()))
    start_time = cal_timestamp('2019-01-01 0:0:0.0')
    klines = get_history_klines(finish_time, start_time, '1d')


    LOG10_data = pd.DataFrame()
    LOG10_data['LOG10'] = \
        talib.LOG10(
            klines['Close'],
        )


    print(LOG10_data)
```

```
D:\futures_exam\Scripts\python.exe D:/book/main.py
          LOG10
0        2.183327
1        2.177479
2        2.188675
3        2.180069
4        2.177969
...        ...
1071     3.181060
1072     3.184768
1073     3.215926
1074     3.211150
1075     3.210877

[1076 rows x 1 columns]
```

∩圖 5-81   執行結果

SIN – Vector Trigonometric Sin（正弦函數）

函式名	SIN
名稱	正弦函數
參數	close：收盤價。
回傳	SIN

程式碼如下：

```python
if __name__=='__main__':
    finish_time = cal_timestamp(str(datetime.now()))
    start_time = cal_timestamp('2019-01-01 0:0:0.0')
    klines = get_history_klines(finish_time, start_time, '1d')

    SIN_data = pd.DataFrame()
    SIN_data['SIN'] = \
        talib.SIN(
            klines['Close'],
        )

    print(SIN_data)
```

◐ 圖 5-82　執行結果

● SINH – Vector Trigonometric Sinh（雙曲正弦函數）

函式名	SINH
名稱	雙曲正弦函數
參數	close：收盤價。
回傳	SINH

程式碼如下：

```
if __name__=='__main__':
    finish_time = cal_timestamp(str(datetime.now()))
    start_time = cal_timestamp('2019-01-01 0:0:0.0')
    klines = get_history_klines(finish_time, start_time, '1d')

    SINH_data = pd.DataFrame()
    SINH_data['SINH'] = \
        talib.SINH(
            klines['Close'],
        )

    print(SINH_data)
```

```
D:\futures_exam\Scripts\python.exe D:/book/main.py
            SINH
0      8.660927e+65
1      1.126169e+65
2      5.732987e+66
3      2.769929e+65
4      1.334854e+65
...         ...
1071        inf
1072        inf
1073        inf
1074        inf
1075        inf

[1076 rows x 1 columns]
```

∩ 圖 5-83　執行結果

SQRT – Vector Square Root（非負實數的平方根）

函式名	SQRT
名稱	非負實數的平方根
參數	close：收盤價。
回傳	SQRT

程式碼如下：

```
if __name__=='__main__':
    finish_time = cal_timestamp(str(datetime.now()))
    start_time = cal_timestamp('2019-01-01 0:0:0.0')
    klines = get_history_klines(finish_time, start_time, '1d')

    SQRT_data = pd.DataFrame()
    SQRT_data['SQRT'] = \
        talib.SQRT(
            klines['Close'],
        )

    print(SQRT_data)
```

```
D:\futures_exam\Scripts\python.exe D:/book/main.py
          SQRT
0      12.349899
1      12.267029
2      12.426182
3      12.303658
4      12.273956
...       ...
1071   38.952022
1072   39.118666
1073   40.547380
1074   40.325054
1075   40.312405

[1076 rows x 1 columns]
```

∩圖 5-84　執行結果

🌑 TAN – Vector Trigonometric Tan（正切函數）

函式名	TAN
名稱	正切函數
參數	close：收盤價。
回傳	TAN

程式碼如下：

```python
if __name__=='__main__':
    finish_time = cal_timestamp(str(datetime.now()))
    start_time = cal_timestamp('2019-01-01 0:0:0.0')
    klines = get_history_klines(finish_time, start_time, '1d')


    TAN_data = pd.DataFrame()
    TAN_data['TAN'] = \
        talib.TAN(
            klines['Close'],
        )


    print(TAN_data)
```

◑ 圖 5-85　執行結果

TANH – Vector Trigonometric Tanh（雙曲正切函數）

函式名	TANH
名稱	雙曲正切函數
參數	close：收盤價。
回傳	TANH

程式碼如下：

```python
if __name__ =='__main__':
    finish_time = cal_timestamp(str(datetime.now()))
    start_time = cal_timestamp('2019-01-01 0:0:0.0')
    klines = get_history_klines(finish_time, start_time, '1d')

    TANH_data = pd.DataFrame()
    TANH_data['TANH'] = \
        talib.TANH(
            klines['Close'],
        )

    print(TANH_data)
```

```
D:\futures_exam\Scripts\python.exe D:/book/main.py
        TANH
0       1.0
1       1.0
2       1.0
3       1.0
4       1.0
...     ...
1071    1.0
1072    1.0
1073    1.0
1074    1.0
1075    1.0

[1076 rows x 1 columns]
```

🔘 圖 5-86　執行結果

5/11　數學運算（Math Operators）

ADD – Vector Arithmetic Add（向量加法運算）

函式名	ADD
名稱	向量加法運算
參數	● high：最高價。 ● low：最低價。
回傳	ADD

程式碼如下：

```
if __name__=='__main__':
    finish_time = cal_timestamp(str(datetime.now()))
    start_time = cal_timestamp('2019-01-01 0:0:0.0')
    klines = get_history_klines(finish_time, start_time, '1d')

    ADD_data = pd.DataFrame()
    ADD_data['ADD'] = \
        talib.ADD(
            klines['High'],
```

```
            klines['Low']
        )

    print(ADD_data)
```

```
D:\futures_exam\Scripts\python.exe D:/book/main.py
            ADD
0        280.69
1        302.93
2        307.95
3        304.81
4        298.00
...         ...
1071    3123.50
1072    3072.21
1073    3207.18
1074    3286.90
1075    3245.40

[1076 rows x 1 columns]
```

∩圖 5-87 執行結果

DIV – Vector Arithmetic Div（向量除法運算）

函式名	DIV
名稱	向量除法運算
參數	• high：最高價。 • low：最低價。
回傳	DIV

程式碼如下：

```
if __name__=='__main__':
    finish_time = cal_timestamp(str(datetime.now()))
    start_time = cal_timestamp('2019-01-01 0:0:0.0')
    klines = get_history_klines(finish_time, start_time, '1d')

    DIV_data = pd.DataFrame()
    DIV_data['DIV'] = \
        talib.DIV(
            klines['High'],
```

```
        klines['Low']
    )


print(DIV_data)
```

```
D:\futures_exam\Scripts\python.exe D:/book/main.py
            DIV
0      1.244981
1      1.069053
2      1.045500
3      1.036683
4      1.048110
...         ...
1071   1.080946
1072   1.029107
1073   1.099242
1074   1.028825
1075   1.019665

[1076 rows x 1 columns]
```

∩圖 5-88　執行結果

● MAX – Highest value over a specified period（週期內最大值）

函式名	MAX
名稱	週期內最大值
參數	• close：收盤價。 • timeperiod：週期（天），預設為 30 天。
回傳	MAX

程式碼如下：

```
if __name__=='__main__':
    finish_time = cal_timestamp(str(datetime.now()))
    start_time = cal_timestamp('2019-01-01 0:0:0.0')
    klines = get_history_klines(finish_time, start_time, '1d')

    MAX_data = pd.DataFrame()
    MAX_data['MAX'] = \
```

```
    talib.MAX(
        klines['Close'],
        timeperiod=30
    )

print(MAX_data)
```

```
D:\futures_exam\Scripts\python.exe D:/book/main.py
            MAX
0           NaN
1           NaN
2           NaN
3           NaN
4           NaN
...         ...
1071    1618.82
1072    1618.82
1073    1644.09
1074    1644.09
1075    1644.09

[1076 rows x 1 columns]
```

Ω圖 5-89 執行結果

MAXINDEX – Index of highest value over a specified period（週期內最大值的索引）

函式名	MAXINDEX
名稱	週期內最大值的索引
參數	• close：收盤價。 • timeperiod：週期（天），預設為 30 天。
回傳	MAXINDEX

程式碼如下：

```
if __name__=='__main__':
    finish_time = cal_timestamp(str(datetime.now()))
    start_time = cal_timestamp('2019-01-01 0:0:0.0')
    klines = get_history_klines(finish_time, start_time, '1d')
```

```
MAXINDEX_data = pd.DataFrame()
MAXINDEX_data['MAXINDEX'] = \
    talib.MAXINDEX(
        klines['Close'],
        timeperiod=30
    )


print(MAXINDEX_data)
```

```
D:\futures_exam\Scripts\python.exe D:/book/main.py
        MAXINDEX
0              0
1              0
2              0
3              0
4              0
...          ...
1071        1067
1072        1067
1073        1073
1074        1073
1075        1073

[1076 rows x 1 columns]
```

ⓝ圖 5-90　執行結果

⬤ MIN – Lowest value over a specified period（週期內最小值）

函式名	MIN
名稱	週期內最小值
參數	● close：收盤價。 ● timeperiod：週期（天），預設為 30 天。
回傳	MIN

程式碼如下：

```
if __name__=='__main__':
    finish_time = cal_timestamp(str(datetime.now()))
    start_time = cal_timestamp('2019-01-01 0:0:0.0')
```

```
klines = get_history_klines(finish_time, start_time, '1d')

MIN_data = pd.DataFrame()
MIN_data['MIN'] = \
    talib.MIN(
        klines['Close'],
        timeperiod=30
    )

print(MIN_data)
```

```
D:\futures_exam\Scripts\python.exe D:/book/main.py
           MIN
0          NaN
1          NaN
2          NaN
3          NaN
4          NaN
...        ...
1071   1274.13
1072   1274.13
1073   1274.13
1074   1274.13
1075   1274.13

[1076 rows x 1 columns]
```

↑圖 5-91　執行結果

MININDEX – Index of lowest value over a specified period （週期內最小值的索引）

函式名	MININDEX
名稱	週期內最小值的索引
參數	• close：收盤價。 • timeperiod：週期（天），預設為 30 天。
回傳	integer

程式碼如下：

```
if __name__=='__main__':
```

```
finish_time = cal_timestamp(str(datetime.now()))
start_time = cal_timestamp('2019-01-01 0:0:0.0')
klines = get_history_klines(finish_time, start_time, '1d')

MININDEX_data = pd.DataFrame()
MININDEX_data['MININDEX'] = \
    talib.MININDEX(
        klines['Close'],
        timeperiod=30
    )

print(MININDEX_data)
```

```
D:\futures_exam\Scripts\python.exe D:/book/main.py
      MININDEX
0            0
1            0
2            0
3            0
4            0
...        ...
1071      1053
1072      1053
1073      1053
1074      1053
1075      1053

[1076 rows x 1 columns]
```

☊圖 5-92　執行結果

⬤ MINMAX – Lowest and highest values over a specified period（週期內最小值和最大值）

函式名	MINMAX
名稱	週期內最小值和最大值
參數	• close：收盤價。 • timeperiod：週期（天），預設為 30 天。
回傳	min、max

程式碼如下：

```
if __name__=='__main__':
    finish_time = cal_timestamp(str(datetime.now()))
    start_time = cal_timestamp('2019-01-01 0:0:0.0')
    klines = get_history_klines(finish_time, start_time, '1d')

    MINMAX_data = pd.DataFrame()
    MINMAX_data['MIN'], MINMAX_data['MAX'] = \
        talib.MINMAX(
            klines['Close'],
            timeperiod=30
        )

    print(MINMAX_data)
```

```
D:\futures_exam\Scripts\python.exe D:/book/main.py
           MIN      MAX
0          NaN      NaN
1          NaN      NaN
2          NaN      NaN
3          NaN      NaN
4          NaN      NaN
...        ...      ...
1071    1274.13  1618.82
1072    1274.13  1618.82
1073    1274.13  1644.09
1074    1274.13  1644.09
1075    1274.13  1644.09

[1076 rows x 2 columns]
```

❶圖 5-93　執行結果

MINMAXINDEX – Indexes of lowest and highest values over a specified period（週期內最小值和最大值索引）

函式名	MINMAXINDEX
名稱	週期內最小值和最大值索引
參數	• close：收盤價。 • timeperiod：週期（天），預設為 14 天。
回傳	mididx、maxidx

程式碼如下：

```python
if __name__=='__main__':
    finish_time = cal_timestamp(str(datetime.now()))
    start_time = cal_timestamp('2019-01-01 0:0:0.0')
    klines = get_history_klines(finish_time, start_time, '1d')

    MINMAXINDEX_data = pd.DataFrame()
    MINMAXINDEX_data['MIN'], MINMAXINDEX_data['MAX'] = \
        talib.MINMAXINDEX(
            klines['Close'],
            timeperiod=30
        )

    print(MINMAXINDEX_data)
```

```
D:\futures_exam\Scripts\python.exe D:/book/main.py
        MIN   MAX
0         0     0
1         0     0
2         0     0
3         0     0
4         0     0
...     ...   ...
1071   1053  1067
1072   1053  1067
1073   1053  1073
1074   1053  1073
1075   1053  1073

[1076 rows x 2 columns]
```

⋒圖 5-94　執行結果

🌑 MULT – Vector Arithmetic Mult（向量乘法運算）

函式名	MULT
名稱	向量乘法運算
參數	● high：最高價。 ● low：最低價。
回傳	MULT

程式碼如下：

```python
if __name__=='__main__':
    finish_time = cal_timestamp(str(datetime.now()))
    start_time = cal_timestamp('2019-01-01 0:0:0.0')
    klines = get_history_klines(finish_time, start_time, '1d')

    MULT_data = pd.DataFrame()
    MULT_data['MULT'] = \
        talib.MULT(
            klines['High'],
            klines['Low'],
        )

    print(MULT_data)
```

```
D:\futures_exam\Scripts\python.exe D:/book/main.py
            MULT
0       1.946217e+04
1       2.291609e+04
2       2.369657e+04
3       2.321975e+04
4       2.218875e+04
...          ...
1071    2.435372e+06
1072    2.359133e+06
1073    2.565754e+06
1074    2.700383e+06
1075    2.632906e+06

[1076 rows x 1 columns]
```

∩圖 5-95　執行結果

● SUB – Vector Arithmetic Substraction（向量減法運算）

函式名	SUB
名稱	向量減法運算
參數	● high：最高價。 ● low：最低價。
回傳	SUB

程式碼如下：

```python
if __name__=='__main__':
    finish_time = cal_timestamp(str(datetime.now()))
    start_time = cal_timestamp('2019-01-01 0:0:0.0')
    klines = get_history_klines(finish_time, start_time, '1d')

    SUB_data = pd.DataFrame()
    SUB_data['SUB'] = \
        talib.SUB(
            klines['High'],
            klines['Low'],
        )

    print(SUB_data)
```

```
D:\futures_exam\Scripts\python.exe D:/book/main.py
            SUB
0         30.63
1         10.11
2          6.85
3          5.49
4          7.00
...         ...
1071     121.50
1072      44.07
1073     151.62
1074      46.70
1075      31.60

[1076 rows x 1 columns]
```

🎧 圖 5-96　執行結果

🔵 SUM – Summation（週期內求和）

函式名	SUM
名稱	週期內求和
參數	• close：收盤價。 • timeperiod：週期（天），預設為30天。
回傳	SUM

程式碼如下：

```
if __name__=='__main__':
    finish_time = cal_timestamp(str(datetime.now()))
    start_time = cal_timestamp('2019-01-01 0:0:0.0')
    klines = get_history_klines(finish_time, start_time, '1d')

    SUM_data = pd.DataFrame()
    SUM_data['SUM'] = \
        talib.SUM(
            klines['Close'],
            timeperiod=30
        )

    print(SUM_data)
```

```
D:\futures_exam\Scripts\python.exe D:/book/main.py
          SUM
0         NaN
1         NaN
2         NaN
3         NaN
4         NaN
...       ...
1071  41549.86
1072  41719.40
1073  42011.88
1074  42286.49
1075  42581.17

[1076 rows x 1 columns]
```

∩ 圖 5-97　執行結果

　　到這裡已經把 TA-Lib 的函式幾乎看過一遍了。為什麼要把所有函式跑過一遍呢？首先，每個人使用的技術指標不同，同時不同的指標有不同的效果，如果遇到要使用時，再去找資料會過於浪費時間，所以才會決定把所有函式跑過一遍，至少需要用到時，隨手一翻就有呼叫方法以及簡單的應用說明。TA-Lib 的函式其實沒有過多的參數，很多同型態函式的參數都一樣，差別在於函式名稱，所以很容易上手。

　　在此再次強調及聲明，坊間有很多回測或量化系統都可以去嘗試，但這些函式要功能齊全、精簡，且寫得很漂亮，便是要說明到初學者能搞懂估計很難，所以筆者用簡單的程式，希望能讓初學者上手及入門，若有興趣自然也可以逐漸去參考別的模組，廢話不多說了，下一章正式進入回測腳本的建立了。

實作回測腳本

安裝 Binance SDK

還記得前面章節中如何找到 APIs 的介紹頁面嗎？帶大家回憶一下：

STEP 01 在幣安交易所首頁上，先改為英文介面。

STEP 02 下拉到最下方找到 APIs 的連結。

STEP 03 進入後更改為中文介面，也可以直接輸入網址來進入： URL https://www.binance.com/zh-TC/binance-api。

STEP 04 接下來我們要正式進入到合約 API 的說明頁面，在當前頁面中找到衍生品交易的單元。

衍生品交易

U 本位合約　　幣本位合約　　槓桿代幣　　歐式期權

合約策略交易

↑ 圖 6-1　衍生品交易單元

STEP 05 之前說過幣安合約共有四個種類，這裡我們直接點選「U 本位合約」，來進入 U 本位合約 SDK 說明頁面，進入後又是英文介面，點擊右上角的 简体中文 ，將網頁再更改回中文，可以解決英文翻譯的問題。**幣安 SDK 說明頁面僅有英文和簡體中文，以下圖檔的說明均為簡體中文。**

圖 6-2　U 本位合約更新日誌

STEP **06** 點擊左側功能列的「基本資訊」，直接來到 SDK 和程式碼示例的說明，如圖 6-3 所示。

圖 6-3　SDK 和程式碼示例入口

STEP **07** 先前章節已說明主要使用 SDK 1 來實作，所以可在專案裡開啟終端介面後，執行「pip install binance-futures-connector」，便可完成幣安合約 SDK 的安裝。

```
D:\futures\futures_get_prices>pip install binance-futures-connector
Collecting binance-futures-connector
  Downloading binance_futures_connector-3.2.0-py3-none-any.whl (35 kB)
Collecting service-identity>=21.1.0
  Using cached service_identity-21.1.0-py2.py3-none-any.whl (12 kB)
Collecting autobahn>=21.2.1
  Downloading autobahn-22.7.1.tar.gz (476 kB)
     -------------------------------------- 476.8/476.8 kB 1.6 MB/s eta 0:00:00
  Preparing metadata (setup.py) ... done
Collecting Twisted>=22.2.0
  Downloading Twisted-22.8.0-py3-none-any.whl (3.1 MB)
                                            2.5/3.1 MB 2.3 MB/s eta 0:00:01
```

↑圖 6-4　安裝中

STEP **08** 安裝好後，在 Python 程式中可開始進行使用，但在使用前還要準備一些設定。

↑圖 6-5　Rest 基本訊息

首先，介面有可能需要用戶的 API KEY，這個先前已說明如何申請；第二，則是提到合約介面的基本網址：⓾ https://fapi.binance.com，這兩個很重要，因為用錯基本網址會呼叫不到正確的 API，而沒有 API KEY 的訊息，有可能沒有反應，所以我們把相關訊息先做個宣告。

```python
API_KEY = '申請的API KEY'
SECRET_KEY = '申請的SECRET_KEY'
BASE_URL = 'https://fapi.binance.com'
```

↑圖 6-6　宣告 API KEY 和 BASE_URL

取得當前價格

點開「行情接口」，會看到列表裡有不少的 API 說明，如圖 6-7 所示。

⋒圖 6-7 行情接口 API 說明清單

我們先找到「最新價格」的段落，可以看到該 API 的說明內容，說明還算詳細。

⋒圖 6-8 最新價格的說明

這裡做個簡單的說明：

最新價格	API 名稱
GET /fapi/v1/ticker/price	● GET 指從幣安伺服器取得資料。 ● POST 指發送訊息給幣安伺服器進行設定。 ● 後面跟著的網址結合 BASE_URL，便是完整的 API 地址。
返回最近價格	API 的功能說明。
權重	主要在於會有哪些回傳型態的說明。
參數	呼叫該 API 需要那些參數，其中「是否必需」欄位若為 YES，則必須在呼叫時傳入該參數，否則可傳可不傳。

畫面右側的「響應」說明則會依「權重」做回應說明。

在這個 API 裡，權重分為「單交易對」和「無交易對」，同時在參數裡要傳入的是交易對名稱，所以如果傳入指定交易對，則回傳的是指定交易對的最新價格，如果不傳入則傳回所有交易對的最新價格。

這裡我們直接用瀏覽器做個試驗，把 BASE_URL 加上最新價格 API 的位址：ⓤⓡⓛ https://fapi.binance.com/fapi/v1/ticker/price，一旦把該網址貼上，瀏覽器會出現什麼情況呢？

∩圖 6-9　瀏覽器打開網址的反應

因為沒有帶參數，所以會看到有 IOTXUSDT/AUCITIONBUSD 等交易對，後面還有很多訊息，有興趣的讀者可以拉看看幣安合約交易對具體有多少。這裡我們可以很清楚了解幣安交易所上的 U 本位合約交易對名稱的命名方式是「幣種＋USDT」，例如：BTC 命名為「BTCUSDT」或 ETH 命名為「ETHUSDT」。

接下來再做個實驗，看指定交易對參數結果會是什麼，因此要加上參數，在剛剛的網址後方加上「?symbol=ETHUSDT」，即 ⓤⓡⓛ https://fapi.binance.com/fapi/v1/ticker/price?symbol=ETHUSDT。

```
←  →  C  🔒 fapi.binance.com/fapi/v1/ticker/price?symbol=ETHUSDT

{"symbol":"ETHUSDT","price":"1255.00","time":1668148406752}
```

⋂圖 6-10　指定 ETHUSDT 回傳最新價格

可以看到 ETH 當前合約最新價格，那回傳的內容都有哪些呢？前面有說過，在說明的左側有回傳內容的說明。

```
响应:

{
  "symbol": "LTCBTC",          // 交易对
  "price": "4.00000200",       // 价格
  "time": 1589437530011        // 撮合引擎时间
}


或(当不发送symbol)


[
    {
        "symbol": "BTCUSDT",     //, 交易对
        "price": "6000.01",      // 价格
        "time": 1589437530011    // 撮合引擎时间
    }
]
```

⋂圖 6-11　回傳說明

這裡可以看出，當指定交易對時，會回傳該 symbol（交易對的名稱）、price（該交易對的最新價格）、time（取得該筆交易資料的時間戳），對比瀏覽器的回傳結果正是這三個值。也許有讀者發現：「沒有傳 API KEY，怎麼能取得資料呢？」還記得一開始 REST 基本資訊的第一點說明嗎？有些介面「可能需要」，並不是「一定需要」，API 主要用於開倉和轉帳等資金流向相關的功能。

這裡已經了解 API 說明裡的呼叫地址、傳入參數、回傳的說明方式了，但要如何實現在程式裡呢？讓我們開啟在基本資訊裡的網址：🔗 https://github.com/Binance-docs/binance-futures-connector-python，開啟後可以看到該 SDK 的原始程式碼，如圖 6-12 所示。

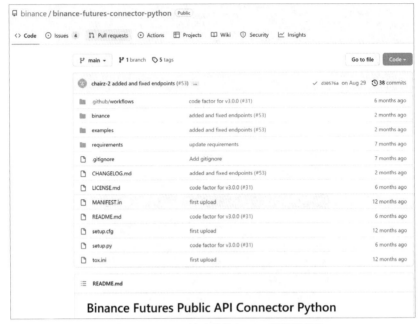

Binance Futures Public API Connector Python

〇 圖 6-12　GITHUB 上的幣安 SDK 原始程式碼

　　有興趣研究的讀者可以下載回去好好研究，這裡我們直接點開「examples」目錄，再點開 U 本位合約範例「um_futures」，可以看到這個 SDK 把範例依不同功能分成了四個目錄，而要取得最新價格會是什麼功能（市場行情 = market），不要懷疑，直接點開 market 的目錄找到 ticker_price.py 吧。

　　📄　ticker_price.py　　　　　code factor for v3.0.0 (#31)

〇 圖 6-13　最新價格程式檔

```
10 lines (7 sloc)    253 Bytes

 1    #!/usr/bin/env python
 2    import logging
 3    from binance.um_futures import UMFutures
 4    from binance.lib.utils import config_logging
 5
 6    config_logging(logging, logging.DEBUG)
 7
 8    um_futures_client = UMFutures()
 9
10    logging.info(um_futures_client.ticker_price("BTCUSDT"))
```

〇 圖 6-14　ticker_price 內容

　　嗯，10行的程式內容，扣除三行空白行，再扣除三行SDK引入指令，實際上三行指令就可以取得我們所需要的價格？與其懷疑不如直接測試，把程式碼拷貝到我們的程式裡，建議直接輸入會比較有感覺。

```
import logging
from binance.um_futures import UMFutures
from binance.lib.utils import config_logging

API_KEY = '申請的 API KEY'
SECRET_KEY = '申請的 SECRET KEY'
BASE_URL = 'https://fapi.binance.com'

config_logging(logging, logging.DEBUG)

um_futures_client = UMFutures()

logging.info(um_futures_client.ticker_price("BTCUSDT"))
```

　　程式碼貼上後，加上先前的 API_KEY、SECRET_KEY、BASE_URL 三行宣告。

　　點擊右鍵，並選擇綠色箭頭的「執行main」指令，如圖6-15所示。之後會在執行視窗中看到獲得 BTCUSDT 的最新價格，如圖6-16所示。

⋂ 圖 6-15　點擊滑鼠右鍵並選擇「Run 'main'」指令

```
D:\futures_exam\Scripts\python.exe D:/futures/futures_get_prices/main.py
DEBUG:root:url: https://fapi.binance.com/fapi/v1/ticker/price
DEBUG:urllib3.connectionpool:Starting new HTTPS connection (1): fapi.binance.com:443
DEBUG:urllib3.connectionpool:https://fapi.binance.com:443 "GET /fapi/v1/ticker/price?symbol=BTCUSDT HTTP/1.1" 200 None
DEBUG:root:raw response from server:{"symbol":"BTCUSDT","price":"17261.20","time":1668149670568}
INFO:root:{'symbol': 'BTCUSDT', 'price': '17261.20', 'time': 1668149670568}
```

∩ 圖 6-16　執行結果

在範例中，我們知道真正的指令如下：

um_futures_client = UMFutures( )

um_futures_client.ticker_price("BTCUSDT")

第一行的意思是左邊的變數（Class）繼承右邊的Class，所以要呼叫UMFutures()裡的功能就變成了um_futures_client功能函式了。

我們可以做個實驗，把第一行給註釋掉，然後把第二行更改成UMFutures().ticker_price('BTCUSDT')，看看結果是不是一樣：

```
# um_futures_client = UMFutures()

logging.info(UMFutures.ticker_price("BTCUSDT"))
```

```
D:\futures_exam\Scripts\python.exe D:/futures/futures_get_prices/main.py
DEBUG:root:url: https://fapi.binance.com/fapi/v1/ticker/price
DEBUG:urllib3.connectionpool:Starting new HTTPS connection (1): fapi.binance.com:443
DEBUG:urllib3.connectionpool:https://fapi.binance.com:443 "GET /fapi/v1/ticker/price?sym
DEBUG:root:raw response from server:{"symbol":"BTCUSDT","price":"17252.90","time":166815
INFO:root:{'symbol': 'BTCUSDT', 'price': '17252.90', 'time': 1668150011366}
```

∩ 圖 6-17　執行結果

這樣應該可以更容易理解繼承和不繼承的用法差異了，另外會發現UMFutures作為協力廠商的模組庫，在Python裡使用了from binance.um_futures import UMFutures的方式引入。而在Python裡要匯入的方式有三種：

❏ **import module**：這是最基本的匯入，直接把需要的模組整個匯入。

❏ **import module as name**：當模組名稱冗長時，可以取個別名。

❏ **from package import module**：從整個封包中匯入指定的模組。

因為幣安的 SDK 封包裡包含了 U 本位合約和幣本位合約的 API，所以我們在匯入時只需要取得 U 本位合約的模組即可，也就使用了 from binance.um_futures import UMFutures。

到目前為止都很順利，但範例程式中並沒有儲存取得的資料，而是用 logging 的函式把它輸出了，這在後期使用上會很麻煩，而且我們真正需要的是價格，另外二個都是已知的，所以接下來我們把程式改造一下，直接取得價格，也把不需要的功能全部註釋掉。

```
from binance.um_futures import UMFutures

API_KEY = '申請的 API KEY'
SECRET_KEY = '申請的 SECRET KEY'
BASE_URL = 'https://fapi.binance.com'

price = UMFutures().ticker_price("BTCUSDT")['price']
print('BTC 當前價格為 {}'.format(price))
```

這裡我們把 logging 拿掉了，把繼承功能拿掉了，直接呼叫模組裡的函式來取得資料，同時 ['price'] 取得資料內的 price 值，並用 price 變數儲存，所以之後便可用該變數做即時判斷了。

```
D:\futures_exam\Scripts\python.exe D:/futures/futures_get_prices/main.py
BTC當前價格為17179.50
```

∩ 圖 6-18　執行結果（描述更為清楚）

這是一個簡單的改造，主要證明了幣安 API 可以正常使用，也說明了其實一行指令就可以取得最新價格了。還記得網路資料最怕什麼嗎？如果當時網速慢或斷線而取不到資料，會不會就退出了？我們可以將範例中的 logging 功能結合 try/except 功能來完善例外處理，接下來再改造一次，並把這個會常呼叫的功能做成一個函式。

6.2.1 get_price 函式設定

🌐 想法

❏ 設定一個函式，並傳入 symbol（交易對）的參數。

❏ 在函式裡呼叫 ticker_price 的函式。

❏ 回傳所需要的最新價格值。

🌐 作法

還記得前面介紹過的函式設定方式嗎？

def 函式名 (參數):

　執行內容

　回傳

這裡我們把函式名取為「get_price」（你也可以自己取適合的名字），參數是 symbol，而要回傳的則是 price（價格），所以基本的函式框架如下：

```
def get_price(symbol):
    return price
```

那函式裡要執行的內容是什麼？自然是呼叫 API 了。

```
def get_price(symbol):
    price = UMFutures().ticker_price(symbol)['price']
    return price
```

有看出什麼地方不同嗎？在未使用函式前的指令是 UMFutures().ticker_price ('BTCUSDT')['price']，但在函式裡的呼叫把 'BTCUSDT' 改成了 symbol，這是因為呼叫 ticker_price 時，要傳入的參數已經變成呼叫 get_price 時傳入的參數了，這樣在呼叫時可隨時更改 symbol 值。

接下來呼叫函式取得回傳後，把值輸出：

```
price = get_price('ETHUSDT')
print('ETH當前價格為{}'.format(price))
```

```
D:\futures_exam\Scripts\python.exe D:/futures/futures_get_prices/main.py
ETH當前價格為1260.01
```

⋔圖 6-19　執行後 ETH 的最新價格

在呼叫 get_price 時傳入不同的交易對，便能回傳不同交易對的最新價格。這裡便完成第一個合約量化需要的即時價格函式了，完整程式碼如下：

```
from binance.um_futures import UMFutures

API_KEY = '申請的API KEY'
SECRET_KEY = '申請的SECRET KEY'
BASE_URL = 'https://fapi.binance.com'

def get_price(symbol):
    price = UMFutures().ticker_price(symbol)['price']
    return price

price = get_price('ETHUSDT')
print('ETH當前價格為{}'.format(price))
```

6.2.2　get_price 函式的完善

看起來先前完成的函式及呼叫已執行沒問題了，但 Python 是由第一行開始執行，執行到 def 會跳過不執行，而到非 def 內的程式行時再開始執行，也就是到 price = get_price('ETHUSDT') 時開始執行，然後回調 def 的 get_price，這樣的執行流程在程式很大時，會搞不清楚哪裡才是程式的起點，而先前提到的 try/except 也還沒加入，所以在本小節裡將完善這個環節。

在幣安合約 SDK 範例中，可以看到 try/except 的範例：

try:

　　正常程式

Except ClientError as Error

　logging.error(

　　　"*Found error. Status: {}, Error code: {}, error message: {}".format*(

　　　　Error.status_code, Error.error_code, Error.error_message

　　)

　)

我們先把這個 try/except 的使用套入我們的函式中：

```
def get_price(symbol):
    try:
        price = UMFutures().ticker_price(symbol)['price']
        return price
    except ClientError as Error:
        logging.error(
            "Found error. status: {}, error code: {}, error message: {}".
            format(
                Error.status_code, Error.error_code, Error.error_message
            )
        )
        return 0
```

套入後，會發現有二個錯誤，分別是 ClientError 和 logging，這是因為我們沒有引入這二個模組，還記得一開始的呼叫設定嗎？

```
import logging
```

而在幣安 SDK 中，也需要匯入除錯模組：

```
from binance.error import ClientError
```

　　我們把這二個模組引入後再執行看看，沒有錯誤，也能正常執行，接著便來處理主入口的問題。如果我們要把主函式作為入口點，因為函式定義都是 def 開頭，哪個是主函式呢？在 Python 裡有一個語句是用來定義程式主入口點：

```
if __name__ == '__main__':
```

　　這句話的意思是 __name__ 為當前模塊名，當模塊被直接執行時，模塊名為 __main__，而當模塊被匯入時，程式碼模塊不被執行，所以用來作為程式入口點是很好的方式。完整的第一個函式程式碼如下：

```
from binance.um_futures import UMFutures
import logging
from binance.error import ClientError

API_KEY = '申請的 API KEY'
SECRET_KEY = '申請的 SECRET KEY'
BASE_URL = 'https://fapi.binance.com'


def get_price(symbol):
    try:
        price = UMFutures().ticker_price(symbol)['price']
        return price
    except ClientError as Error:
        logging.error(
            "Found error. status: {}, error code: {}, error message: {}".
            format(
                Error.status_code, Error.error_code, Error.error_message
            )
        )
        return 0

if __name__ == '__main__':
    price = get_price('ETHUSDT')
    print('ETH 當前價格為 {}'.format(price))
```

筆者花了很多時間在本小節的內容建置，可能有讀者會說：「不是很簡單嗎？為什麼一個函式要說明這麼久？」那是因為這個簡單功能完善後，接下來的功能就會很簡單了。把幾個相關 SDK 的 API 串接好後，接下來就是 TA-Lib 的指標設定和組合計算，希望讀者花些時間好好閱讀這一章節，理解後會容易許多。而本書的目標讀者是小白基礎讀者，請資深的程式讀者多見諒。

6 / 3　K 棒和 K 線

在進行 Kline 的資料取得前，我們先針對「什麼是 K 棒？什麼是 K 線？」來做個簡單的說明，讓第一次接觸的人簡單了解「K 線的組成元素」、「K 棒有什麼功能」以及「這些資料要如何運用」。

6.3.1　K 棒

開始學習 K 線之前，要先學習「什麼是 K 棒」。K 棒是技術分析的一切基礎，如果沒有 K 棒，便不會有 K 線，自然無法用技術分析去做判斷，那什麼叫做 K 棒？K 棒又叫「蠟燭圖」，是用來記錄價格走勢的線圖，K 棒中包含了很多的訊息，非常簡單且實用，目前只要有價格變化的金融產品都用它來記錄歷史價格，像是股票、期貨、選擇權、債券、貴金屬、虛擬貨幣等。

一般 K 棒有二種顏色，紅色和綠色 K 棒，分別對應漲和跌，常用紅色代表漲，而綠色則為跌，虛擬幣交易所則大多為相反的表示方式，為綠漲紅跌（這和國家習慣也有關係），由於印刷關係，在此用**黑色實體柱代替紅漲**，而**黑框白底作為綠跌**。

● 圖 6-20　黑色實體柱和黑框白底 K 棒分別代表漲和跌

　　從 K 棒中又能看出什麼訊息呢？一根 K 棒記錄了開盤價、收盤價、最高價、最低價，還可判斷出支撐和壓力，接著便來說明如何看懂 K 棒隱藏的訊息。

陽線 陰線

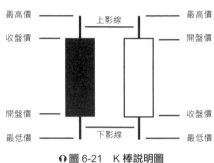

🎧 圖 6-21　K 棒說明圖

　　一般 K 棒記錄了四個資料，即「開盤價」、「收盤價」、「最高價」和「最低價」，在開、收盤價期間的波動產生了最高價和最低價。而針對 K 棒又有另一個名詞，那便是陽線和陰線，陽漲陰跌。圖 6-20 中的實體柱 K 棒所展現的四個價格，黑色實體 K 棒是「開盤價等於最低價，收盤價等於最高價」，而黑框白底 K 棒則是相反。

　　圖 6-21 可以看出實體 K 棒開盤後，往下跌到最低價的位置，因為多頭帶動，所以又漲回開盤的價位，再往上走到最高價，因獲利回吐再跌到收盤價，圖 6-22 示範了這段說明文字。

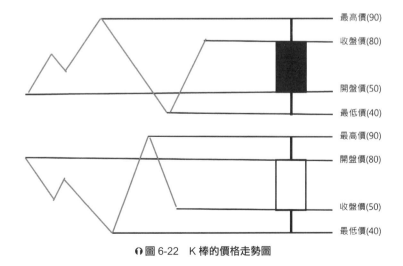

🎧 圖 6-22　K 棒的價格走勢圖

明白了 K 棒記錄的四個資料，那怎麼知道壓力和支撐力度呢？其實很簡單，K 棒的實體柱表示從開盤到收盤共漲或跌了多少，而所謂的影線便是支撐或壓力的判斷。簡單的法則是：

❑ 黑色實體 K 棒的實體長度越長，多方勝。

❑ 黑框白底 K 棒的實體長度越長，空方勝。

❑ 實體長度越短，多空越膠著（勢鈞力敵）。

❑ 上影線越長，壓力越強。

❑ 下影線越長，支撐越強。

以上牢記後，便能清楚了解 K 棒的含義和判斷基本走勢了，但請謹記單一 K 棒並不能代表趨勢走向，還有很多的型態組合要去判斷，這在合約量化實作裡不會用到，所以本書不會進行討論，有興趣的讀者可以問問 Google。

弄懂以上的 K 棒基本觀念後，恭喜你具備解讀 K 棒的基礎了，以下針對 12 種 K 棒型態做介紹，來了解 K 棒變化產生的趨勢。

圖形	名稱	說明
▮	黑色實體柱	這是一個強勢的黑色實體柱，代表收盤價高於開盤價，且最高價等於收盤價，最低價等於開盤價，因為沒有上下影線，代表沒有往下的跡象，開盤後一路拉高，最終收盤收在最高價。
▮	下影線黑色實體柱	這跟第一根實體柱相比，氣勢弱了一點，也就是盤中曾跌破開盤價，後期多空交戰是多方勝出，收盤收在最高價。
▮	上下影線的黑色實體柱	多空激戰後多方勝出的最佳證明，四個單獨的不同價位，盤中拉鋸激烈，破開盤後拉高又跌落，最後收盤大於開盤，多方小勝。
▮	上影線黑色實體柱	這裡雖然仍是多方勝出，但因為上漲到最高價時，被空方壓制回落，無法收在最高價，所以留下了上影線。
T	下影線平盤線	代表開盤後空方將價格往下推，但收盤前多方又把價格推回到開盤價，最終收盤價 = 最高價 = 收盤價，唯一只有最低價不同。

圖形	名稱	說明
—	平盤線	代表開盤後多空拉鋸但沒有量能,所以產生了「收盤價 = 最高價 = 最低價 = 開盤價」靜止不動的情況。
✚	十字平盤線	多空力道平均,盤中曾將價格上推,也曾被壓制下落,最終則是收盤收在開盤價,接連三根平盤線的特點便是「收盤價 = 開盤價」。
⊥	上影線平盤線	這根 K 棒和下影線平盤線剛好相反,也就是說,開盤後價格曾被多方推上高點,但受到空方壓制,最後收在開盤價,這時可以看出多方力道變弱了。
▯	下影線黑框白底柱	有下影線黑色實體柱,自然就有下影線黑框白底柱,這裡可以看出開盤後一路下落,雖然多方於收盤把價格回推,但可以看出空方大於多方。
▯	上下影線的黑框白底柱	同樣的多空激戰,不過還是空方略勝一籌,收盤前硬是將價格拉低於開盤價,收了黑框白底柱。
▯	上影線黑框白底柱	開盤後多方曾把價格拉高於開盤價,但空方勢如破竹,一路下殺,將收盤價收於最低價。
▯	黑框白底柱	這是空頭走勢的最佳範例,開盤後沒往上,而是一路下殺,盤中可能有拉鋸,但無法拉高於開盤價,而收盤價收於最低價,空方力道強盛。

6.3.2 K 線

了解 K 棒後,可以從 K 棒簡單看出多空交戰的優勢方。而什麼是 K 線呢?既然可以由 K 棒看出優勢方了,為什麼要有 K 線?其實,K 線是多個 K 棒的組合,如圖 6-23 所示。

⋒圖 6-23　K 線圖

　　K 線是用來記錄一段期間內某金融商品價格的變化,將一段時間的 K 棒組合成 K 線,就可以繪製出「橫軸為時間、縱軸為價格」的 K 線圖了。專業的金融專家可以從 K 線型態去分析未來可能的趨勢是多頭還是空頭,進而選擇適當的時機點進場來盈利收場。這裡重申一下,本書不是專業的金融書籍,是屬於小白層級的合約量化的參考資料,所以不會針對趨勢交易和波浪理論等高階金融知識做介紹,這裡只要明瞭「什麼是 K 棒」以及「多根 K 棒可以組成 K 線」即可。

取得 K 線資料

　　在實作回測之前,需要再完成一個 API 串接,也就是 Kline 資料的取得。因為所有指標都需要透過 Kline 資料進行計算,所以本節實作 Kline 資料的取得。

　　一樣先看 SDK 的說明,找到「K 線資料」,看需要哪幾個參數和回傳哪些資料,如圖 6-24 所示。

K线数据

GET /fapi/v1/klines

每根K线的开盘时间可视为唯一ID

权重：取决于请求中的LIMIT参数

LIMIT参数	权重
[1,100)	1
[100, 500)	2
[500, 1000)	5
> 1000	10

参数：

名称	类型	是否必需	描述
symbol	STRING	YES	交易对
interval	ENUM	YES	时间间隔
startTime	LONG	NO	起始时间
endTime	LONG	NO	结束时间
limit	INT	NO	默认值:500 最大值:1500.

• 缺省返回最近的数据

响应：

```
[
  [
    1499040000000,      // 开盘时间
    "0.01634790",       // 开盘价
    "0.80000000",       // 最高价
    "0.01575800",       // 最低价
    "0.01577100",       // 收盘价(当前K线未结束时即为最新价)
    "148976.11427815",  // 成交量
    1499644799999,      // 收盘时间
    "2434.19055334",    // 成交额
    308,                // 成交笔数
    "1756.87402397",    // 主动买入成交量
    "28.46694368",      // 主动买入成交额
    "17928899.62484339" // 请忽略该参数
  ]
]
```

❶ 圖 6-24　K 線資料說明段落

以下可以很明顯看到傳入的參數：

參數名稱	說明
symbol	交易對。
interval	時間間隔（1分鐘、5分鐘、10分鐘…）。
startTime	要取得的資料開始時間。
endTime	要取得的資料結束時間。
limit	要取得幾根 K 棒資料（預設為 500，最大為 1500）。

　　最多可以傳入 5 個參數，而有些是選擇預設值，所以最少需要 2 個參數，也就是 symbol 和 interval 這二個值。

　　回傳的參數共計 12 個，下一節會對 K 棒資料做完整的說明。這涉及到一些金融知識，本小節只需要實作如何取得 K 棒資料，查看回傳是否正確即可。

接下來的步驟應該不會忘了吧，到 Github 裡查看範例，在一樣的目錄下找到 klines.py，如圖 6-25 所示。

◑ 圖 6-25　K 線資料的 Python 程式檔案

打開後，查看程式碼的實現方式，如圖 6-26 所示。

```
10 lines (7 sloc) │ 253 Bytes

1    #!/usr/bin/env python
2    import logging
3    from binance.um_futures import UMFutures
4    from binance.lib.utils import config_logging
5
6    config_logging(logging, logging.DEBUG)
7
8    um_futures_client = UMFutures()
9
10   logging.info(um_futures_client.klines("BTCUSDT", "1d"))
```

◑ 圖 6-26　程式碼內容

查看後有沒有發現一個現象，和取得最新價格是不是一模一樣？只差在呼叫的函式和參數不同，其餘一模一樣，所以接下來的動作就很輕鬆了。將 get_price 函式複製一份，並更名為「get_kline」，然後將呼叫 ticker_price 的函式名更改為「klines」，而傳入參數多加一個時間間隔，我們開始動手吧。

```
def get_kline(symbol, interval):
    try:
        res = UMFutures().klines(symbol, interval)
        return res
    except ClientError as Error:
        logging.error(
            "Found error. status: {}, error code: {}, error message: {}".
            format(
                Error.status_code, Error.error_code, Error.error_message
            )
        )
        return 0
```

```python
if __name__ == '__main__':
    price = get_price('ETHUSDT')
    print('ETH當前價格為{}'.format(price))
    print(get_kline('ETHUSDT', '1d'))
```

　　因為至少需要兩個參數才能取得 Kline 的資料，所以函式再加一個傳入參數就好了。將呼叫函式名更改，這時我們就完成了 Kline 的函式了，為什麼不用變數儲存結果呢？為了之後使用上的方便，我們會加上 pandas 模組的使用，這在後面章節會介紹。要確認是不是能正確取得資料，我們直接用 print 將結果輸出，廢話不多說，直接執行看結果。

```
D:\futures_exam\Scripts\python.exe D:/futures/futures_get_prices/main.py
ETH當前價格為1273.20
[[1625011200000, '2165.03', '2290.00', '2087.23', '2275.00', '4574440.196', 1625097599999,
```

♠圖 6-27　正確執行取得資料

6 / 5　klines 取值後儲存

　　要使用 pandas 將資料儲存成 DataFrame 的話，在程式開頭要進行匯入的動作：

```python
from binance.um_futures import UMFutures
import logging
from binance.error import ClientError
import pandas as pd
```

　　把之前的 print(get_kline('ETHUSDT', '1d')) 改成 kline = pd.DataFrame(get_kline('ETHUSDT', '1d'))，然後把 kline 輸出：

```python
if __name__ == '__main__':
    price = get_price('ETHUSDT')
    print('ETH當前價格為{}'.format(price))
```

```
kline = pd.DataFrame(get_kline('ETHUSDT', '1d'))
print(kline)
```

```
D:\futures_exam\Scripts\python.exe D:/futures/futures_get_prices/main.py
ETH當前價格為1275.00
                      0         1         2   ...                9                 10 11
0      1625011200000   2165.03   2290.00   ...     2305728.283      4995014035.77641    0
1      1625097600000   2274.99   2275.68   ...     2192324.049      4695564977.17683    0
2      1625184000000   2105.23   2160.00   ...     1968370.271      4086729294.52976    0
3      1625270400000   2152.64   2239.00   ...     1506100.715      3301844849.23065    0
4      1625356800000   2226.71   2390.00   ...     1596772.157      3686896476.07513    0
..               ...       ...       ...   ...             ...                 ...  ..
495    1667779200000   1567.42   1608.00   ...     3103693.022      4893503762.73461    0
496    1667865600000   1567.52   1580.54   ...    10026124.246     14378375941.81149    0
497    1667952000000   1333.40   1336.47   ...    11549303.873     13855130136.52978    0
498    1668038400000   1101.53   1350.00   ...     7820354.243      9683609293.72743    0
499    1668124800000   1298.30   1309.01   ...     1785249.238      2252696042.45364    0

[500 rows x 12 columns]
```

⋂ 圖 6-28　Kline 資料轉換成 DataFrame

　　從結果可以看出，預設一次讀取 500 組資料，同時 Column 並沒有指定索引，所以我們再做個處理，新增傳入參數 limit 作為筆數的可控性。

```
def get_kline(symbol, interval, limit):
    try:
        res = UMFutures().klines(symbol, interval, limit=limit)
        return res
```

　　而在呼叫時，直接將筆數設定為 1500 筆：

```
if __name__ == '__main__':
    price = get_price('ETHUSDT')
    print('ETH 當前價格為 {}'.format(price))
    kline = pd.DataFrame(get_kline('ETHUSDT', '1d', 1500))
    print(kline)
```

```
D:\futures_exam\Scripts\python.exe D:/futures/futures_get_prices/main.py
ETH當前價格為1274.00
                      0        1        2     ...             9                   10 11
0        1574812800000     146   155.66     ...      53283.610       8058914.34720  0
1        1574899200000  154.29   156.52     ...      26295.144       3995309.99846  0
2        1574985600000  150.56   157.40     ...      69723.600      10748626.87265  0
3        1575072000000  154.40   155.15     ...     135195.907      20639701.07087  0
4        1575158400000  151.38   152.50     ...     143318.592      21350398.60770  0
...                ...     ...      ...     ...            ...                 ... ..
1076     1667779200000 1567.42  1608.00     ...    3103693.022    4893503762.73461  0
1077     1667865600000 1567.52  1580.54     ...   10026124.246   14378375941.81149  0
1078     1667952000000 1333.40  1336.47     ...   11549303.873   13855130136.52978  0
1079     1668038400000 1101.53  1350.00     ...    7820354.243    9683609293.72743  0
1080     1668124800000 1298.30  1309.01     ...    1793282.405    2262930384.14140  0

[1081 rows x 12 columns]
```

⋂圖 6-29　執行結果

　　由於目前幣安合約開通還不到 1500 天，所以會看到資料為 1081 筆，接下來我們將設定 column 的標籤。在 SDK 說明檔案中，很明確列出了 12 個回傳的資料結構，所以我們宣告一個 12 個字串的 list。

```
响应:

[
  [
    1499040000000,        // 开盘时间
    "0.01634790",         // 开盘价
    "0.80000000",         // 最高价
    "0.01575800",         // 最低价
    "0.01577100",         // 收盘价(当前K线未结束的即为最新价)
    "148976.11427815",    // 成交量
    1499644799999,        // 收盘时间
    "2434.19055334",      // 成交额
    308,                  // 成交笔数
    "1756.87402397",      // 主动买入成交量
    "28.46694368",        // 主动买入成交额
    "17928899.62484339"   // 请忽略该参数
  ]
]
```

⋂圖 6-30　Klines 回傳資料結構

依照幣安 SDK 說明來建立 column 的 list：

```
column = [
    'open_time',
    'open',
    'high',
    'low',
    'close',
    'volumn',
    'close_time',
    'turnover',
    'number',
    'active_buy_vol',
    'active_buy_turnover',
    'ignore'
]
```

呼叫時，將 column 的 list 傳入後執行，結果如下：

```
kline = pd.DataFrame(get_kline('ETHUSDT', '1d', 1500), columns=column)
```

```
D:\futures_exam\Scripts\python.exe D:/futures/futures_get_prices/main.py
ETH當前價格為1273.60
         open_time      open     high  ...  active_buy_vol  active_buy_turnover  ignore
0      1574812800000       146   155.66  ...       53283.610       8058914.34720       0
1      1574899200000    154.29   156.52  ...       26295.144       3995309.99846       0
2      1574985600000    150.56   157.40  ...       69723.600      10748626.87265       0
3      1575072000000    154.40   155.15  ...      135195.907      20639701.07087       0
4      1575158400000    151.38   152.50  ...      143318.592      21350398.60770       0
...              ...       ...      ...  ...             ...                 ...     ...
1076   1667779200000   1567.42  1608.00  ...     3103693.022    4893503762.73461       0
1077   1667865600000   1567.52  1580.54  ...    10026124.246   14378375941.81149       0
1078   1667952000000   1333.40  1336.47  ...    11549303.873   13855130136.52978       0
1079   1668038400000   1101.53  1350.00  ...     7820354.243    9683609293.72743       0
1080   1668124800000   1298.30  1309.01  ...     1812926.554    2287904505.65402       0

[1081 rows x 12 columns]
```

⋂圖 6-31　執行結果

取得幣安合約歷史資料

需求

由於幣安 SDK 中有說到 Klines 的資料取得最多為 1500 筆，如果超過 1500 筆時該怎麼辦？答案是必須要分段讀取，再使用 pandas.concat() 進行串接，完成後再進行去重處理，這樣才會得到一個完整的 K 線歷史資料。

作法

完成以下流程後，就能讀取完整資料：

1. 取得當前時間戳（作為判斷是否已讀取完畢的結束時間）。

2. 設定開始時間戳。

3. 設定由分到天的秒數 Dict。

4. 預設筆數為 500 筆。

5. 計算 500 筆結束時間戳。

6. 使用開始、結束時間戳取得 Klines。

7. 將分段的 Klines 串連起來，直到開始時間戳大於結束時間戳。

不曉得你有沒有被繞暈，其實筆者一開始也想說好複雜，但實作後發現沒有想像中難，只要關鍵點抓到，就可以很輕鬆完成它，讓我們把它實作出來吧。

6.6.1　datetime 和 Time 模組

首先要取得時間戳，就要使用到和時間相關的 datetime 和 Time 二個模組了，而由於幣安使用了毫秒級的時間戳，所以在轉換時要注意到秒級 10 位數、毫秒級 13 位數這個差異。程式碼裡新增兩個模組的匯入：

```
from binance.um_futures import UMFutures
import logging
from binance.error import ClientError
import pandas as pd
import time
from datetime import datetime
```

　　要計算當前時間的時間戳，就要先取得當前的時間才行。取得當前時間有兩種方式：

```
print(datetime.now())
print(time.time())
```

```
D:\futures_exam\Scripts\python.exe D:/futures/futures_get_prices/main.py
2022-11-11 16:22:51.364387
1668154971.3643878
```

◑ 圖 6-32　datetime.now() 取得當前時間，time.time() 取得當前時間戳

　　從執行結果來看，使用 datetime.now() 會回傳看得懂的時間標記，而使用 time. time() 則會回傳 10.7 位的時間戳。如果要簡單處理，自然是採用 time.time()，省得要轉換，但這裡建議採用 datetime.now()，再進行轉換會較好。

　　當然，如果一定要使用 time.time() 的話也可以，但幣安不是 13 位嗎？很簡單，把取得的結果直接乘上 1000 就是 13 位的資料了。

```
print(round(time.time()*1000))    # 時間戳 * 1000 並取整數
```

```
D:\futures_exam\Scripts\python.exe D:/futures/futures_get_prices/main.py
1668155199601
```

◑ 圖 6-33　當前 13 位時間戳

　　而選擇使用 datetime.now() 再轉換，是因為之後的開始時間也需要轉換，所以就直接完成一個時間標記轉毫秒級時間戳的函式了。

6.6.2　datetime 的 strptime() 函式

語法：

```
datetime.strptime(date_string, format)
```

由於日期格式 "2022-10-05 17:43:0.0" 是一個字串格式，所以要透過 strptime() 來指定其年月日時分秒毫秒的格式。以此日期格式為例，其格式會是「%Y-%m-%d」，對應的是「2022-10-15」，其中的「%Y」為「2022」，「%m」為「10」，「%d」為「5」，而「-」為日期串接符號。「%H：%M：%S.%f」對應的是「17：43：0.0」，「%H」為「17」，「%M」為「43」，「%S」為「0」，「%f」為「0」。

透過格式指定後，會將結果當成物件儲存起來：

```
datetime_obj = datetime.strptime(str(datetime.now()), '%Y-%m-%d %H:%M:
%S.%f')
```

再透過 time.mktime() 函式轉換成所需要的時間戳，而在使用 mktime 前，要先了解 datetime.timetuple() 的作用。

6.6.3　datetime 的 timetuple() 函式

這是一個實例方法，它回傳一個 time.struct_time 物件，具有包含 9 個元素的命名元組介面。time.struct_time 的值如下：

索引	屬性	值
0	Tm_year	年，例如：2022。
1	Tm_mon	月，範圍 [1, 12]。
2	Tm_mday	日，範圍 [1, 31]。
3	Tm_hour	時，範圍 [0, 23]。
4	Tm_min	分，範圍 [0, 59]。
5	Tm_sec	秒，範圍 [0, 59]。
6	Tm_wday	週，範圍 [0, 6]，星期一為 0。

索引	屬性	值
7	Tm_yday	一年天數，範圍 [1, 366]。
8	Tm_isdst	0、1、-1，暫時用不到。

不懂？沒關係，直接執行程式看結果，再來分解比對，會比較清楚 timetuple 如何拆解時間結構：

```
datetime_obj = datetime.strptime(str(datetime.now()), '%Y-%m-%d %H:%M:%S.%f')
print(datetime_obj.timetuple())
```

從執行結果可以看出，已經依年月日時分秒的結構拆解了：

```
time.struct_time(tm_year=2022, tm_mon=11, tm_mday=11, tm_hour=16, tm_min=34,
tm_sec=32, tm_wday=4, tm_yday=315, tm_isdst=-1)
```

6.6.4　time 的 mktime() 函式

主要接收時間結構物件作為參數，然後回傳秒數或毫秒數來表示時間的時間戳值。

語法：

```
time.mktime(t)
```

參數說明如下：

參數名稱	說明
t	結構化的時間。

由於要回傳的是毫秒級的時間戳，而 mktime 正常為秒級時間戳，所以這裡我們要做個轉換，首先將 timetuple() 傳入 mktime() 裡，取得秒級的時間戳後乘上 1000，再加上 datetime_obj 裡的 microsecond 值除上 1000，因為經由 strptime 處理後，還有一個微秒值，也就是小數點後的 6 位值，所以除上 1000 後就會變成毫秒值。

經由以上的說明，接下來便將時間戳轉換進行函式實作了：

```
def cal_timestamp(stamp):
    print(stamp)
    datetime_obj = datetime.strptime(stamp, '%Y-%m-%d %H:%M:%S.%f')
    start_time = int(time.mktime(datetime_obj.timetuple())*1000.0 +
datetime_obj.microsecond / 1000.0)
    return start_time
```

```
D:\futures_exam\Scripts\python.exe D:/futures/futures_get_prices/main.py
2022-11-11 16:38:59.274643
1668155939274
```

◑ 圖 6-34　執行結果

到這裡，我們已經完成了時間轉換 13 位的毫秒級時間戳的函式，接下來再指定一個要取得 Kline 歷史資料的開始時間。由於幣安的合約是 2019 年啟動的，但具體時間並不清楚，所以我們直接把開始時間設定成 2019-01-01 0:0:0.0，也就是 2019 年 1 月 1 日 0 點 0 分 0.0 秒，看一下時間戳的值是多少：

```
start_time = cal_timestamp('2019-01-01 0:0:0.0')
print(start_time)
```

```
D:\futures_exam\Scripts\python.exe D:/futures/futures_get_prices/main.py
1546272000000
```

◑ 圖 6-35　執行結果

請打開 Google 並輸入時間戳，此時會看到很多線上轉換工具，筆者比較習慣站長工具，讀者可以自行挑選習慣的工具。

⋂ 圖 6-36　時間戳線上轉換工具

Unix时间戳（Unix timestamp）1546272000000　毫秒▼　转换　2019-01-01 00:00:00

⋂ 圖 6-37　時間戳的轉換結果

　　可以看到我們寫的轉換函式所產生的時間戳，在線上工具裡轉換成時間標記，一樣是 2019-01-01 00:00:00，這代表我們的函式寫法沒有問題了，既然結果正確，接下來要計算的是結束時間。

　　這裡問一下讀者一分鐘是幾秒鐘？我想應該沒人回答不出來吧，因為幣安上取得 Klines 的間隔為 1 分、5 分、10 分、15 分、30 分、1 小時、2 小時、4 小時、6 小時、8 小時、1 天、1 週、1 月，由於量化不需要到週和月的資料判斷，因為可參考資料量太少，所以我們最多只取到天級資料即可，例如：1 分 = 60 秒、5 分 = 300 秒、⋯⋯、1 小時 = 3600 秒、1 天 = 86400 秒。

以上是基本的時間換算，就不再詳細說明了。依上面的資料建一個 dict：

```
time_sec = {
    '1m' : 60,
    '5m' : 300,
    '15m' : 900,
    '30m' : 1800,
    '1h' : 3600,
    '2h' : 7200,
    '4h' : 14400,
    '6h' : 21600,
    '8h' : 28800,
    '1d' : 86400
}
```

接下來利用秒的單位值來計算開始和結束時間，例子會使用天當作間隔，取得 Klines 的資料進行串接處理，因為天級的資料有比對的對象。

*結束時間 = 開始時間 + (秒級單位數 * 天數 * 1000)*

這樣才會是毫秒級的時間戳：

```
if __name__ == '__main__':
    start_time = cal_timestamp('2019-01-01 0:0:0.0')
    end_time = start_time + (time_sec.get('1d') * 500 * 1000)
    print(' 開始時間 : {}'.format(start_time))
    print(' 結束時間 : {}'.format(end_time))
```

```
D:\futures_exam\Scripts\python.exe D:/futures/futures_get_prices/main.py
開始時間: 1546272000000
結束時間: 1589472000000
```

⋒圖 6-38　執行結果

這個例子中的天數為何是 500 天、而不設定為 1500 天呢？這是因為幣安合約開通至今還不到1500 天，一旦設定為 1500，一次就讀取結束了，還怎麼做串接的實驗。

```
D:\futures_exam\Scripts\python.exe D:/futures/futures_get_prices/main.py
        open_time      open    high  ... active_buy_vol active_buy_turnover ignore
0    1574812800000       146  155.66  ...      53283.610        8058914.34720      0
1    1574899200000    154.29  156.52  ...      26295.144        3995309.99846      0
2    1574985600000    150.56  157.40  ...      69723.600       10748626.87265      0
3    1575072000000    154.40  155.15  ...     135195.907       20639701.07087      0
4    1575158400000    151.38  152.50  ...     143318.592       21350398.60770      0
...            ...       ...     ...  ...            ...                  ...    ...
1076 1667779200000   1567.42 1608.00  ...    3103693.022     4893503762.73461      0
1077 1667865600000   1567.52 1580.54  ...   10026124.246    14378375941.81149      0
1078 1667952000000   1333.40 1336.47  ...   11549303.873    13855130136.52978      0
1079 1668038400000   1101.53 1350.00  ...    7820354.243     9683609293.72743      0
1080 1668124800000   1298.30 1309.01  ...    2102315.330     2658030619.07450      0

[1081 rows x 12 columns]
```

∩圖 6-39　幣安時間間隔為天時的 Klines 資料量

　　也就是說，我們的實作結果必須是 1081 筆資料，否則就是錯誤的，現在判斷結束的時間戳（現在時間）、開始時間戳、結束時間戳都準備好了，接著就是怎麼組合所得到的 Klines 資料。之前 get_klines 的函式並沒有傳入開始、結束值，這裡再完善一下：

```python
def get_kline(symbol, interval, start_time, end_time):
    try:
        res = UMFutures().klines(
            symbol,
            interval,
            starttime=start_time,
            endtime=end_time)
        return res
    except ClientError as Error:
        logging.error(
            "Found error. status: {}, error code: {}, error message: {}".
            format(
                Error.status_code, Error.error_code, Error.error_message
            )
        )
        return 0
```

　　為什麼在傳入參數時會用 starttime=start_time 呢？這是因為可以指定 start_time 被當成 starttime 參數傳入，這時就不用照順序傳入了。

　　再建一個函式，用來重複呼叫 get_klines，並把結果串接起來：

```
def get_history_klines(finish_time, start_time, sizes):
    end_time = start_time + (time_sec.get(sizes) * 500 * 1000)
    a = pd.DataFrame(get_kline('ETHUSDT', sizes, start_time, end_time),
columns=column)
    start_time = end_time
    while start_time < finish_time:
        end_time = start_time + (time_sec.get(sizes) * 500 * 1000)
        b = pd.DataFrame(get_kline('ETHUSDT', sizes, start_time, end_time),
columns=column)
        a = pd.concat([a, b], ignore_index=True)
        start_time = end_time
    return a
```

　　首先計算結束時間，然後取得 klines 的值並轉為 DataFrame 後，用變數 a 把它儲存起來，再把開始時間設為結束時間，這是因為要先讀取一次作為被串接者，然後做一個 while 迴圈，條件是當起始時間小於結束時間時執行，否則退出迴圈。在迴圈裡再計算一次結束時間，這時再讀取 500 筆資料後存成 b，透過 concat 把 a 和 b 的 DataFrame 串接起來，然後再把初始時間設定成結束時間，執行到條件成立時，退出迴圈後回傳 a 的 DataFrame 值。

　　函式準備好了，也知道要傳入的參數分別是「完成時間」、「開始時間」和「時間間隔」，所以在主程式入口處直接呼叫，並儲存在 klines 變數：

```
if __name__ == '__main__':
    finish_time = cal_timestamp(str(datetime.now()))
    start_time = cal_timestamp('2019-01-01 0:0:0.0')
    klines = get_history_klines(finish_time, start_time, '1d')
    print(klines.drop_duplicates(keep='first', inplace=False, ignore_index=
True))
```

這裡會看到輸出時，我們用了去重的函式，主要是擔心資料重複，到時進行回測時會有問題，所以透過去重函式把重複資料剔除掉。

```
D:\futures_exam\Scripts\python.exe D:/futures/futures_get_prices/main.py
        open_time      open      high ... active_buy_vol active_buy_turnover ignore
0    1574812800000       146    155.66 ...      53283.610       8058914.34720      0
1    1574899200000    154.29    156.52 ...      26295.144       3995309.99846      0
2    1574985600000    150.56    157.40 ...      69723.600      10748626.87265      0
3    1575072000000    154.40    155.15 ...     135195.907      20639701.07087      0
4    1575158400000    151.38    152.50 ...     143318.592      21350398.60770      0
...            ...       ...       ... ...            ...                 ...    ...
1076 1667779200000   1567.42   1608.00 ...    3103693.022    4893503762.73461      0
1077 1667865600000   1567.52   1580.54 ...   10026124.246   14378375941.81149      0
1078 1667952000000   1333.40   1336.47 ...   11549303.873   13855130136.52978      0
1079 1668038400000   1101.53   1350.00 ...    7820354.243    9683609293.72743      0
1080 1668124800000   1298.30   1309.01 ...    2139103.878    2704836601.16535      0

[1081 rows x 12 columns]
```

△圖 6-40　執行結果

可以看到分段讀取且串接起來的資料和一次性讀取的資料總數是相同的，這意味著我們已經把歷史資料完整抓下來了。線上還有幾個下載歷史資料的方式，有從幣安歷史資料網址下載 zip 檔後再處理資料的，也有下載現貨資料的教學，但個人總覺得過於複雜，所以自己簡單實作了一下，也許不是很完整的程式，但總歸是踏出第一步了。

6 / 7　回測腳本

筆者寫過幾年程式，但先前幾乎沒碰過量化領域，當一頭鑽進來時，可說是撞得滿頭包。我從 K 棒、型態、趨勢、波浪等一路 K 過來，最快是 3 天看完 K 棒（蠟燭圖），在整個交易過程中，曾跟過「帶盤老師」或自己判斷下單，最後開始研判行情走勢，然後在交易過程中連續盯盤 12 小時以上，當然也想過外匯有 MT4，那量化有什麼？

CCXT 看來是不錯的量化套件，而且可以針對不同的交易所自行建設 API，但學習之後還是坑，所以才決定自己來寫，因為沒接觸過量化知識，所以是直接即時判斷、即時下單，但策略又成了最關鍵的問題。哪個策略好、適合、能盈利？只能用實單來做測試，而隨著越來越多的學習後，開始考慮使用回測腳本，但協力廠商套件總覺得用得卡卡的，因為不是自己寫出來的，用起來不順手，所以接下來要開始的是最簡易的回測腳本，同時也看看是否能夠盈利。

```
D:\futures_exam\Scripts\python.exe D:/stock/backtest.py
2022-11-11 18:24:23.772919
錢包總額: 64337.785768839996
總盈利: 54337.785768839996
總筆數: 453266
回測總耗時: 0:03:39.195283
2022-11-11 18:24:23.772919 2022-11-11 18:28:02.968202
```

⋒圖 6-41　回測結果

這是筆者回測腳本跑出來的資料，可以看到當前錢包總額為 64,337，而總盈利為 54,337，代表投資額為 10,000，回測腳本用了大約 3 分鐘，跑了 45 萬多筆資料。而筆者實單也跑 6 個月了，採用同樣的策略模式，確實有稍微的盈利，你是否有些迫不及待了。在實作前，先來說一下回測腳本的基本概念，然後再用程式實作它。

其實，回測腳本的流程也沒什麼好說的，主要是：

1. 下載歷史資料。

2. 呼叫 TA-Lib 策略指標函式（單獨、組合）。

3. 依指標結果逐一判斷旗標（買、賣）。

4. 計算開倉平倉盈虧。

5. 資料跑完，回測結束。

以上是不是很簡單的流程，而且有些功能在前幾節已經介紹過了，所以接下來我只是將程式組合而已。筆者的回測腳本用了 304 行，有些是沒用到的程式片段，有些是因為書本印刷必須要斷行，所以實際行數更少了。想想用一個小巧的程式便能做到量化，算是不錯的體驗。

```
295 ▶ ⊟if __name__ == '__main__':
296         start_time = datetime.now()
297         print(start_time)
298         # print(datetime.now())
299         data = PreInit()
300         back_test(data)
301         end_time = datetime.now()
302         print('總筆數:', len(data))
303         print('回測總耗時:', end_time - start_time)
304         print(start_time, datetime.now())
305
```

⋂ 圖 6-42　304 行回測程式

6.7.1　下載歷史資料

關於「下載歷史資料」，先前已介紹過內容了，這裡我們稍微改造一下，建立一個新 py 檔，因為是回測，就簡單命名為「backtest」。

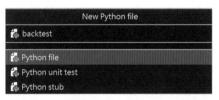

⋂ 圖 6-43　新建 backtest 的 python 檔案

接下來，把先前完成過的 K 棒歷史資料函式拷貝過來。為了不讓程式過長而受限於頁面被斷行，所以將程式碼調整如下：

```
from binance.um_futures import UMFutures
import logging
from binance.error import ClientError
import pandas as pd
import time
from datetime import datetime

column = [
    'Timestamp',
    'Open',
    'High',
    'Low',
```

```
        'Close',
        'Volume',
        'Close_time',
        'Quote_av',
        'Trades',
        'Tb_base_av',
        'Tb_quote_av',
        'Ignore'
]

binsizes = {
    "1m": 60,
    "5m": 300,
    "15m": 900,
    "30m": 1800,
    "1h": 3600,
    "2h": 7200,
    "4h": 14400,
    "6h": 21600,
    "8h": 28800,
    "1d": 86400
}

def get_kline(symbol, interval, start_time, end_time):
    try:
        res = UMFutures().klines(
            symbol,
            interval,
            starttime=start_time,
            endtime=end_time)
        return res
    except ClientError as Error:
        logging.error(
            "Found error. status: {}, error code: {}, error message: {}".
            format(
                Error.status_code, Error.error_code, Error.error_message
            )
        )
```

```
        return 0

def get_history_klines(finish_time, start_time, sizes):
    end_time = start_time + (binsizes.get(sizes) * 500 * 1000)
    a = pd.DataFrame(get_kline(
                    'ETHUSDT',
                    sizes,
                    start_time,
                    end_time),
                    columns=column)
    start_time = end_time
    while start_time < finish_time:
        end_time = start_time + (binsizes.get(sizes) * 500 * 1000)
        b = pd.DataFrame(get_kline(
                    'ETHUSDT',
                    sizes,
                    start_time,
                    end_time),
                    columns=column)
        a = pd.concat([a, b], ignore_index=True)
        start_time = end_time
    a.drop_duplicates(
        keep='first',
        inplace=False,
        ignore_index=True)
    a['Timestamp'] = pd.to_datetime(a['Timestamp'], unit='ms')
    a['Close_time'] = pd.to_datetime(a['Close_time'], unit='ms')
    return a

def cal_timestamp(stamp):
    datetime_obj = datetime.strptime(
                    stamp,
                    '%Y-%m-%d %H: %M: %S.%f')
    start_time = int(time.mktime(
                    datetime_obj.timetuple())*1000.0 +
                    datetime_obj.microsecond / 1000.0)
    return start_time
```

```
if __name__=='__main__':
    finish_time = cal_timestamp(str(datetime.now()))
    start_time = cal_timestamp('2019-01-01 0:0:0.0')
    klines = get_history_klines(finish_time, start_time, '1d')
    print(klines.drop_duplicates(
        keep='first',
        inplace=False,
        ignore_index=True
    ))
```

簡單說明程式碼：

❑ **if __name__=='__main__'**：這是整個程式的主入口點。

❑ **finish_time = cal_timestamp(str(datetime.now()))**：這是取得 K 棒的時間，也就是當前時間。

❑ **start_time = cal_timestamp('2019-01-01 0:0:0.0')**：這是要開始取得 K 棒的歷史時間。而 cal_timestamp 是用來將時間標記轉化成 13 位時間戳的計算及轉換函式。

❑ **Klines = get_history_klines(finish_time, start_time, '1d')**：這是取得連續 K 棒的函式，此函式預設每次取得 500 筆資料，再將前後資料進行串接，同時需傳入 finish_time、start_time 以及時間間隔，這裡用 '1d' 的原因已說明過了。

❑ **Klines.drop_duplicates(keep='first', inplace=False, ignore_index=True)**：這是去掉重複資料的動作。

這裡我們把和讀取歷史資料的所有相關指令置入到 get_history_klines 裡，即在主入口裡只會有一行指令，也就是 klines = get_history_klines('1d')。調整後的 get_history_klines：

```
def get_history_klines(sizes):
    finish_time = cal_timestamp(str(datetime.now()))
    start_time = cal_timestamp('2019-01-01 0:0:0.0')
    end_time = start_time + (binsizes.get(sizes) * 500 * 1000)
    a = pd.DataFrame(get_kline(
                'ETHUSDT',
                sizes,
```

```
                    start_time,
                    end_time),
                columns=column)
    start_time = end_time
    while start_time < finish_time:
        end_time = start_time + (binsizes.get(sizes) * 500 * 1000)
        b = pd.DataFrame(get_kline(
                    'ETHUSDT',
                    sizes,
                    start_time,
                    end_time),
                columns=column)
        a = pd.concat([a, b], ignore_index=True)
        start_time = end_time
    a.drop_duplicates(
        keep='first',
        inplace=False,
        ignore_index=True)
    a['Timestamp'] = pd.to_datetime(a['Timestamp'], unit='ms')
    a['Close_time'] = pd.to_datetime(a['Close_time'], unit='ms')
    return a
```

🔊 **說明**

這裡我們加入二行指令，主要是把時間戳改成看得懂的時間標記，而需要更改的地方分別是開盤時間和收盤時間。get_history_klines：

```
a['Timestamp'] = pd.to_datetime(a['Timestamp'], unit='ms')
a['Close_time'] = pd.to_datetime(a['Close_time'], unit='ms')
```

　　而在接收資料方面，我們把變數名稱改一下，K 棒有五個重要資料，分別是「開盤價」（Open）、「最高價」（High）、「最低價」（Low）、「收盤價」（Close）和「交易量」（Volumn），所以變數名稱就以這五個英文單字的第一個字母做組合：

```
if __name__=='__main__':
    ohlcv = get_history_klines('1d')
    print(ohlcv)
```

再次執行一下，看資料是否依舊能正常組合出來，結果如圖 6-44 所示，看起來還能正常輸出資料，也看到 Timestamp 已經不像之前一樣顯示時間戳了，而是看得懂的時間標記。從結果來看，可以清楚知道幣安交易所開通 ETH 的合約時間是在 2019-11-27。

```
D:\futures_exam\Scripts\python.exe D:/futures/futures_get_prices/backtest.py
         Timestamp     Open     High  ...    Tb_base_av        Tb_quote_av Ignore
0       2019-11-27      146   155.66  ...     53283.610     8058914.34720      0
1       2019-11-28   154.29   156.52  ...     26295.144     3995309.99846      0
2       2019-11-29   150.56   157.40  ...     69723.600    10748626.87265      0
3       2019-11-30   154.40   155.15  ...    135195.907    20639701.07087      0
4       2019-12-01   151.38   152.50  ...    143318.592    21350398.60770      0
...            ...      ...      ...  ...           ...               ...    ...
1076    2022-11-07  1567.42  1608.00  ...   3103693.022   4893503762.73461      0
1077    2022-11-08  1567.52  1580.54  ...  10026124.246  14378375941.81149      0
1078    2022-11-09  1333.40  1336.47  ...  11549303.873  13855130136.52978      0
1079    2022-11-10  1101.53  1350.00  ...   7820354.243   9683609293.72743      0
1080    2022-11-11  1298.30  1309.01  ...   2267750.025   2868748068.45898      0

[1081 rows x 12 columns]
```

⊙ 圖 6-44　修正過後的讀取歷史資料執行結果

6.7.2　呼叫 TA-Lib 策略指標函式（單獨、組合）

筆者稱這個階段為「預處理」，也就是挑選要使用的技術指標針對歷史資料進行預處理，先計算出哪個時間點適合買，哪個時間點適合賣，再交由下階段的回測進行資料判斷買賣旗標。而要挑選哪幾個指標來做判斷呢？其實沒有限制，因為青菜蘿蔔各有人愛，總不能硬性規定只能喝粥吧。

在前一章節中，對 TA-Lib 已經做了完整的函式介紹，同時也有呼叫範例和結果，讀者可以挑選自己喜歡的技術指標進行組合，或許你挑選的指標組合比筆者更好也說不一定。接下來，我們先以布林通道（BBANDS）為例來做單一測試。

既然是預處理，自然要設定一個預處理的函式，叫做「pre_processing」：

```python
def pre_processing(ohlcv):
    kline_data = pd.DataFrame()
    return kline_data
```

我們將歷史資料當成參數傳入，同時宣告一個空的 DataFrame 叫「kline_data」，這是待會要進行預處理的儲存變數，既然預處理完了，自然要把結果回傳給下一階段處理，這便是預處理函式的基本框架。

接下來我們單獨使用布林通道的技術指標來進行回測腳本的完善。首先，把歷史資料中的開盤時間複製一份到 kline_data 裡作為時間排序，這樣到時依照時序進行買賣執行。

```python
def pre_processing(ohlcv):
    kline_data = pd.DataFrame()
    # 將開盤時間存入 data 中
    kline_data['date_time'] = ohlcv['Timestamp']
    return kline_data
```

這時我們已經將歷史資料中的開盤時間逐一拷貝到 kline_data 的 DataFrame 中了，如果擔心可以把結果輸出。

```
D:\futures_exam\Scripts\python.exe D:/futures/futures_get_prices/backtest.py
      date_time
0     2019-11-27
1     2019-11-28
2     2019-11-29
3     2019-11-30
4     2019-12-01
...          ...
1076  2022-11-07
1077  2022-11-08
1078  2022-11-09
1079  2022-11-10
1080  2022-11-11

[1081 rows x 1 columns]
```

↑圖 6-45　2019-11-27 至當下時間的 DataFrame

既然有了時間順序，接下來就要計算布林通道（BBANDS）的上、中、下軌資料值：

```python
# 計算布林帶值，並存入 kline_data 中
kline_data['ub'], kline_data['boll'], kline_data['lb'] = \
    TA-Lib.BBANDS(ohlcv['Close'],
```

```
timeperiod=22,
nbdevup=2.0,
nbdevdn=2.0)
```

在函式中加入上面的指令，參數可以自己調整，也可參考幣安交易所的設定。

♠圖 6-46　幣安交易所 K 線圖的布林通道參數值

這裡筆者並沒有參考幣安的設定值，而是採行了 22、2、2 的三個參數值，讀者可以自行調整參數來看看二者的差異在哪。

經過 TA-Lib 的計算後，我們在 kline_data 裡新增了三個欄，分別是 ub、boll、lb。

```
D:\futures_exam\Scripts\python.exe D:/futures/futures_get_prices/backtest.py
      date_time          ub         boll          lb
0     2019-11-27        NaN          NaN         NaN
1     2019-11-28        NaN          NaN         NaN
2     2019-11-29        NaN          NaN         NaN
3     2019-11-30        NaN          NaN         NaN
4     2019-12-01        NaN          NaN         NaN
...          ...        ...          ...         ...
1076  2022-11-07  1727.033834  1474.047273  1221.060712
1077  2022-11-08  1726.876128  1474.173636  1221.471144
1078  2022-11-09  1754.264366  1464.699091  1175.133815
1079  2022-11-10  1753.385317  1465.324545  1177.263774
1080  2022-11-11  1758.870684  1462.464091  1166.057498

[1081 rows x 4 columns]
```

♠圖 6-47　取得布林帶值

接下來要設定哪一根 K 棒時間要進場買或賣。先設定一個空的列，將其列索引設定為「buy_sell」：

```
# 設定 buy_sell 欄位為空值
kline_data['buy_sell'] = ''
```

因為要有個觸發值，這裡我們選擇了 Close 的值，也就是收盤價：

```
# 寫入收盤價
kline_data['price'] = ohlcv['Close']
```

前置作業都好了，接下來便是重頭戲，也就是布林帶值的應用了，我們先來看看什麼是布林通道。

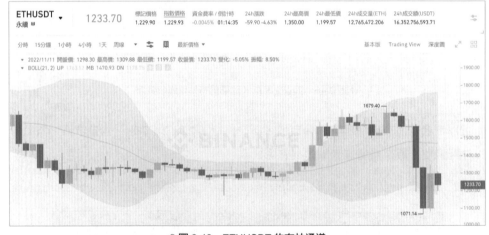

● 圖 6-48　ETHUSDT 的布林通道

在圖 6-48 很明顯的看到在 k 線上有三條線段分別是上、中、下軌，同時經過觀察，K 線在布林通道的上下軌之間震盪。沒有超過太多，所以當 Close 的值接近上軌時，因為預期突破不了上軌，此時應該作空，當值來到下軌附近時平倉；反之，則是接近下軌時作多，接近上軌時平倉。而怎麼確定接近上軌和下軌呢？可以取中軌到上軌的區間值的 1/5 或 1/6，分母越大代表越接近。

接下來進行資料遍歷，也就是逐筆把資料取出進行判斷，有高級的遍歷語法，但這裡用最簡單的 for 迴圈來實作：

```
for i in range(1，len(kline_data)):
```

我們建立一個函式傳入 kline_data 和當下遍歷的 index 值，並回傳 price、ub、boll、lb 四個值：

```
def read_data(kline_data, i):
    return float(kline_data.loc[i, 'price']), \
           float(kline_data.loc[i, 'ub']), \
           float(kline_data.loc[i, 'boll']), \
           float(kline_data.loc[i, 'lb'])
```

建好這個函式後，便可在 for 迴圈裡呼叫，並取得相對應的值，之後再進行公式判斷買或賣：

```
# 遍歷 kline_data 的所有資料
for i in range(1, len(kline_data)):
    # 取得索引值的 price、ub、boll、lb
    price, ub, boll, lb = read_data(kline_data, i)
    if price > (ub - (ub - boll) / 5):
            kline_data.loc[i, 'buy_sell'] = 'SELL'
    elif price < (lb + (boll - lb) / 5):
            kline_data.loc[i, 'buy_sell'] = 'BUY'
```

○圖 6-49　黑色線代表上、中、下軌，紅色線表示中軌到上、下軌的 1/5 值

由中軌到上軌的區間 / 5，並將上軌減去這 1/5 的值，就可以找出最接近上軌的值，所以公式是 ub – (ub – boll) / 5；相反的，要找出最接近下軌的值公式為 lb + (boll – lb) / 5。

當滿足其中一個條件時，自然就會填入 Buy 或 Sell 的旗標，如圖 6-50 所示。

```
D:\futures_exam\Scripts\python.exe D:/futures/futures_get_prices/backtest.p
        date_time          ub          boll            lb buy_sell     price
0      2019-11-27         NaN          NaN           NaN               152.52
1      2019-11-28         NaN          NaN           NaN               150.48
2      2019-11-29         NaN          NaN           NaN               154.41
3      2019-11-30         NaN          NaN           NaN               151.38
4      2019-12-01         NaN          NaN           NaN               150.65
...           ...         ...          ...           ...      ...        ...
1076   2022-11-07 1727.033834 1474.047273   1221.060712              1567.52
1077   2022-11-08 1726.876128 1474.173636   1221.471144              1333.40
1078   2022-11-09 1754.264366 1464.699091   1175.133815      BUY     1101.49
1079   2022-11-10 1753.385317 1465.324545   1177.263774              1298.21
1080   2022-11-11 1753.743633 1465.096818   1176.450003              1277.19

[1081 rows x 6 columns]
```

◑圖 6-50　執行結果

由於執行結果無法看出 Buy_Sell 列裡的值，所以我們用 kline_data.to_csv('test.csv') 把資料儲存成 CSV 檔，再打開該檔來查看，如圖 6-51 所示。

	date_time	ub	boll	lb	buy_sell	price
0	2019/11/27					152.52
1	2019/11/28					150.48
2	2019/11/29					154.41
3	2019/11/30					151.38
4	2019/12/1					150.65
5	2019/12/2					148.59
6	2019/12/3					147.1
7	2019/12/4					145.35
8	2019/12/5					148.04
9	2019/12/6					148.41
10	2019/12/7					147.1
11	2019/12/8					150.41
12	2019/12/9					147.37
13	2019/12/10					145.55
14	2019/12/11					142.76
15	2019/12/12					144.8
16	2019/12/13					144.7
17	2019/12/14					141.77
18	2019/12/15					142.39
19	2019/12/16					132.59
20	2019/12/17					121.87
21	2019/12/18	159.7372	145.0445	130.3519	BUY	132.74
22	2019/12/19	159.8497	143.9314	128.0131	BUY	128.03
23	2019/12/20	159.8525	142.9155	125.9784	BUY	128.13
24	2019/12/21	159.0685	141.6691	124.2697	BUY	126.99
25	2019/12/22	158.0874	140.7945	123.5016		132.14

◑圖 6-51　CSV 檔 Buy_Sell 旗標

　　預處理資料的結果是正確的，有將判斷值寫入，接下來進行「依指標結果逐一判斷買或賣」。本小節新建立的函式程式碼如下：

```python
def read_data(kline_data, i):
    return float(kline_data.loc[i, 'price']), \
            float(kline_data.loc[i, 'ub']), \
            float(kline_data.loc[i, 'boll']), \
            float(kline_data.loc[i, 'lb'])


def pre_processing(ohlcv):
    kline_data = pd.DataFrame()
    # 將開盤時間存入 kline_data 中
    kline_data['date_time'] = ohlcv['Timestamp']
    # 計算布林帶值，並存入 kline_data 中
    kline_data['ub'], kline_data['boll'], kline_data['lb'] = \
        TA-Lib.BBANDS(ohlcv['Close'],
                        timeperiod=22,
                        nbdevup=2.0,
                        nbdevdn=2.0)
    # 設定 buy_sell 欄位為空值
    kline_data['buy_sell'] = ''
    # 寫入收盤價
    kline_data['price'] = ohlcv['Close']
    # 遍歷 kline_data 的所有資料
    for i in range(1, len(kline_data)):
        # 取得索引值的 price、ub、boll、lb
        price, ub, boll, lb = read_data(kline_data, i)
        if price > (ub - (ub - boll) / 5):
                kline_data.loc[i, 'buy_sell'] = 'SELL'
        elif price < (lb + (boll - lb) / 5):
                kline_data.loc[i, 'buy_sell'] = 'BUY'
    kline_data.to_csv('test.csv')
    return kline_data
```

6.7.3　依指標結果，逐一判斷旗標（買、賣）

　　接下來要處理的是把 pre_buy_sell 資料一筆一筆讀出，一旦 buy_sell 列有「BUY」的字樣，則視為買進，「SELL」則為賣出。設定一個預期價格進行盈利平倉，也要設定一個停損價格，流程如下：

1. 逐一讀取 pre_buy_
   sell 的 buy_sell 列
   的值，判斷是否有
   BUY、SELL 的 字
   樣。

2. 若 有 則 開 倉（ 視
   BUY、SELL）。

3. 設 定 倉 位 值（ 倉 位
   管理）。

4. 設定預期盈利價格
   和停損價格。

5. 計算手續費。

6. 產生開、平倉報表。

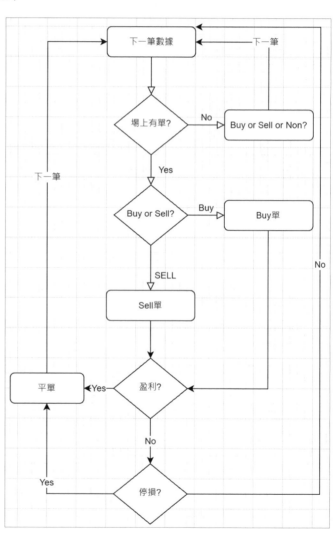

◑圖 6-52　回測簡易流程圖

這是一個簡易的流程圖，中間會看到有幾個判斷式的地方：

❑ 場上是否存在交易？若不存在交易，則由資料中獲取訊號；若不為空值，則記錄開單時間和方向，然後進入下一筆。這裡需要三個變數：

■ 交易旗標（trade_flag）：初始為 False，因為程式還沒開始執行。

■ 開單時間（open_time）：初始為空值，用來記錄掃描到不為空值時的歷史時間。

■ 開單方向（direction）：依訊號型態存入 BUY 或 SELL，之後分別判斷 BUY/SELL 的出場點。

❑ 因為要計算倉位，所以設定合約帳戶的總資金進行倉位管理。這需要二個變數：

■ 初始資金（start_fun）：初始為 10,000 USDT（自行設定，建議為 100 的倍數）。

■ 開單倉位（trade_num）：實作時會進行詳細說明。

❑ 最後需要有二個變數計算開倉 / 平倉手續費：

■ 開倉手續費（open_fee）：初始為 0.0。

■ 平倉手續費（close_fee）：初始為 0.0。

有了以上的變數，就可以照著流程圖把框架完成。至於盈利 / 停損的計算，我們一步步把它加上：

```
def back_test(kline_data):
    # 1. 宣告變數 -- 開單訊息
    # 交易旗標，場上是否存在交易
    trade_flag = False
    # 開單時間
    open_time = ''
    # 開單方向
    direction = ''
    # 2. 宣告變數 -- 資金 / 倉位
    # 初始資金
    start_fin = 10000.00
    # 倉位管理以 100 為單位，每 100 下 0.01 張
    trade_num = float(start_fin/100) * 0.01
```

```
# 2. 宣告變數 -- 手續費
open_fee = 0.0
close_fee = 0.0
# 正式流程
for i in range(0, len(kline_data)):
    # 未開單情況
    if not trade_flag:
        # 當 direction 為 none，且 buy_sell 不為 0 時，依 buy_sell 進行買入設定
        if direction == '':
            if kline_data.loc[i, 'buy_sell'] != '':
                # 記錄開單資訊
                open_time = kline_data.loc[i, 'date_time']
                open_price = kline_data.loc[i, 'price']
                direction = kline_data.loc[i, 'buy_sell']
                # 更改為場上有單
                trade_flag = True
                # 計算開單手續費
                open_fee = kline_data.loc[i, 'price']/20 * trade_num
    # 場上已開單時
    if trade_flag:
        # 判斷開單方向
        if direction == 'BUY':
            print('判斷盈虧後結單')
        elif direction == 'SELL':
            print('判斷盈虧後結單')
return 0
```

　　back_test 函式程式碼依照變數需求及流程進行了基礎搭建。在未開單情況下，判斷當前 index 是否存在 BUY/SELL 的訊號，若有則進行開單記錄，然後更改旗標為已開單狀況，再進行下一筆資料的讀取；沒有訊號則直接進入下一筆。

　　一旦旗標為已開單，則先判斷開單方向，再計算是否盈利／停損後進行平單處理。而在這個框架中有二個地方要說明一下，分別是「倉位管理」及「手續費的計算」。

6.7.4　倉位管理

　　幣安透過運用複雜的風控引擎和清算模型來支援高倍率槓桿交易。採取階梯保證金的模式進行風險控制，槓桿倍率大小視持倉大小而定，即持倉名義價值越大，可獲得槓桿倍率越低。用戶可自行調整槓桿倍數，所有倉位大小都是基於合約名義價值計算的（USDT 或 BUSD 計價）。初始保證金率的演算法是根據用戶調整的槓桿倍數而定。

● 最大倉位、最大槓桿和初始保證金率

　　開倉前用戶需要自行調整槓桿倍數。若用戶沒有調整槓桿倍數，幣安合約平臺預設的槓桿倍數為 20 倍，用戶可自行調整槓桿。槓桿倍數越高，用戶可建立的最大倉位越小。

　　以下是幣安交易所對「U 本位合約」的槓桿的說明內容：「當保證金不足時，我們將通過郵件和站內信給用戶發送追加保證金通知和強平通知。此功能作為風險提示無法保證及時發送或送達。在你使用本服務過程中，在某些情況下（包括由於網絡擁塞和網絡環境不良），可能無法或延遲接收電子郵件提醒，幣安保留沒有義務發送通知的權利。為避免錯過郵件，請你務必確保已經將幣安郵件添加至郵箱白名單，以防重要郵件通知被錯誤歸類。具體操作方法請參考如何設定幣安郵件白名單。」

● 維持保證金率

　　以下是幣安交易所對「保證金」的說明內容：

❑ 維持保證金率不是根據用戶調整的槓桿倍數計算的，而是根據用戶的倉位在不同名義價值級別而計算的，這意味著維持保證金率是不被槓桿倍數而影響的。維持保證金率則是根據「稅收超額累進法」的方法，倉位從一個階梯上升到下一階梯不會引起原來級別的槓桿變化。「稅收超額累進法」的方法是倉位數額劃分為若干等級，不同等級的倉位數額分別適用不同的維持保證金率，倉位數額越大，維持保證金率越高。

❑ 在其他合約交易平臺，維持保證金通常為初始保證金的一半。基於幣安合約維持保證金規則，幣安維持保證金是低於初始保證金的一半，因此更利於用戶。

❑ 維持保證金將會直接影響強平價格。因此，我們強烈建議用戶在帳戶抵押金下降到維持保證金水準前，自行平倉以避免被自動清算。

其實簡單說：

❑ 當資金量少、開倉位大時，上下耐受度就會變小，很容易爆倉，也就是保證金不足被強制平倉（多為損失狀態）。

❑ 必須隨時維持保證金比在安全標準內，這在實際操作上很難控制，因為 ETH 曾經瞬間下跌近 1000 點，這如何能預知。

「做好倉位管理」是一件很深奧的學問，筆者的作法是開小倉位做波動操作，大幅增加「上 3000、下 3000」的耐受度，畢竟 ETH 還未曾有單邊 3000 以上的波動，在這個基礎上，筆者會以 100USDT 為單位，每一單位下單 0.01 張 ETH，當然沒有最好的倉位管理，只有適合自己的倉位管理。筆者屬於保守型，或許有人屬於冒險型，而勇於挑戰呢。

6.7.5　手續費

如何計算 U 本位合約的手續費：

手續費用 = 名義價值 × 費率

名義價值 = 合約數量 × 交易價格

舉例來說，普通用戶掛單方手續費：0.02%；吃單方手續費：0.040%。

使用市價單購買 1 BTC BTCUSDT 合約：

名義價值 = 合約數量 × 開倉價格

　　　　= 1 BTC × 10,104

　　　　= 10,104

吃單方手續費用需支付：10,104 × 0.040% = 4.0416 USDT

價格上漲後，使用限價單出售 1 BTC BTCUSD 合約：

名義價值 = 合約數量 × 平倉價格

= 1 BTC × 11,104

= 11,104

掛單方手續費用需支付：11,104 × 0.02% = 2.2208 USDT

手續費率

等級	最近 30 天交易量 (BUSD)	及/或	BNB 持倉量	USDT Maker / Taker	USDT Maker/Taker BNB 9折	BUSD Maker / Taker	BUSD Maker/Taker BNB 9折
普通用戶	< 15,000,000 BUSD	或	≥ 0 BNB	0.0200%/0.0400%	0.0180%/0.0360%	0.0120%/0.0300%	0.0108%/0.0270%
VIP 1	≥ 15,000,000 BUSD	及	≥ 25 BNB	0.0160%/0.0400%	0.0144%/0.0360%	0.0120%/0.0300%	0.0108%/0.0270%
VIP 2	≥ 50,000,000 BUSD	及	≥ 100 BNB	0.0140%/0.0350%	0.0126%/0.0315%	0.0120%/0.0300%	0.0108%/0.0270%
VIP 3	≥ 100,000,000 BUSD	及	≥ 250 BNB	0.0120%/0.0320%	0.0108%/0.0288%	0.0120%/0.0300%	0.0108%/0.0270%
VIP 4	≥ 600,000,000 BUSD	及	≥ 500 BNB	0.0100%/0.0300%	0.0090%/0.0270%	0.0100%/0.0300%	0.0090%/0.0270%
VIP 5	≥ 1,000,000,000 BUSD	及	≥ 1,000 BNB	0.0080%/0.0270%	0.0072%/0.0243%	-0.0100%/0.0230%	-0.0100%/0.0207%
VIP 6	≥ 2,500,000,000 BUSD	及	≥ 1,750 BNB	0.0060%/0.0250%	0.0054%/0.0225%	-0.0100%/0.0230%	-0.0100%/0.0207%
VIP 7	≥ 5,000,000,000 BUSD	及	≥ 3,000 BNB	0.0040%/0.0220%	0.0036%/0.0198%	-0.0100%/0.0230%	-0.0100%/0.0207%

∩ 圖 6-53　會員等級的手續費列表

以上是幣安交易所對手續費的計算說明，開通會員後，由於尚未開始進行合約交易，所以屬於普通用戶。帳戶裡可能也沒有 BNB，所以不會享有 9 折優惠，看到 USDT Maker / Taker 的手續費率分別為 0.02% 和 0.04%。其實上述的說明有點讓人混淆了，以下簡單說明。

當要買入時的計算方法為：

市價 / 槓桿 × 倉位 × 0.04% = 開倉手續費（屬於吃單方）

市價 / 槓桿 × 倉位 × 0.02% = 平倉手續費（屬於掛單方）

程式碼便是以此先進行開倉手續費的計算，接下來要完善逐一開倉、平倉產生的盈虧判斷及資料統計。

6.7.6 計算開倉平倉盈虧

這個階段要進行幾個判斷：

❏ 讀取每一筆的價格（以原始 K 棒上的 Close 當成價格）。

❏ 判斷是否為盈利狀態：

■ 盈利狀態下設定獲利 20 點時平倉。

■ 否則判斷是否達到停損點。

❏ 判斷是否為停損狀態：

■ 虧損 20 點的情況為停損狀態，認賠出場。

■ 未達虧損則繼續等待。

程式碼如下：

```
def back_test(kline_data):
    # 1. 宣告變數 -- 開單訊息
    # 交易旗標，場上是否存在交易
    trade_flag = False
    # 開單時間
    open_time = ''
    # 開單方向
    direction = ''
    # 2. 宣告變數 -- 資金／倉位
    # 初始資金
    start_fin = 10000.00
    # 倉位管理以 100 為單位，每 100 下 0.01 張
    trade_num = int(start_fin/100) * 0.01
    # 2. 宣告變數 -- 手續費
    open_fee = 0.0
    close_fee = 0.0
    # 正式流程
```

```python
for i in range(0, len(kline_data)):
    # 先取得當前索引價格
    now_price = float(kline_data.loc[i, 'price'])
    # 未開單情況
    if not trade_flag:
        # 當 direction 為 none，且 buy_sell 不為 0 時，依 buy_sell 進行買入設定
        if direction == '':
            if kline_data.loc[i, 'buy_sell'] != '':
                # 記錄開單資訊
                open_time = kline_data.loc[i, 'date_time']
                open_price = now_price
                direction = kline_data.loc[i, 'buy_sell']
                # 更改為場上有單
                trade_flag = True
                # 計算開單手續費
                open_fee = now_price / 20 * trade_num * 0.0004
    # 場上已開單時
    if trade_flag:
        # 判斷開單方向
        if direction == 'BUY':
            # 判斷當前價格是否大於開單價格達 20 點以上
            if now_price - open_price > 20:
                # 大於 20 點以上進行平單處理 - 平單手續費計算
                close_fee = (now_price/20 * trade_num*0.0002)
                # 計算淨利
                profit = ((now_price - open_price) * trade_num) \
                         - open_fee - close_fee
                # 變數重置
                direction = ''
                open_time = ''
                open_price = 0.0
                # 淨利和初始資金進行加總
                start_fin = start_fin + profit
                # 依變動後的資金重新計算下次開單的張數
                trade_num = int(start_fin / 100) * 0.01
                # 重新設置交易旗標為 False 場上無單
                trade_flag = False
                # 設定虧損 20 點為停損點
```

```python
        elif now_price - open_price < -20:
            # 虧 20 點以上進行平單處理 - 平單手續費計算
            close_fee = (now_price / 20 * trade_num * 0.0002)
            # 計算淨利
            profit = ((now_price - open_price) * trade_num) \
                    - open_fee - close_fee
            # 變數重置
            direction = ''
            open_time = ''
            open_price = 0.0
            # 淨利和初始資金進行加總
            start_fin = start_fin + profit
            # 依變動後的資金重新計算下次開單的張數
            trade_num = int(start_fin / 100) * 0.01
            # 重新設置交易旗標為 False 場上無單
            trade_flag = False
    elif direction == 'SELL':
        # 判斷當前價格是否大於開單價格達 20 點以上
        if open_price - now_price > 20:
            # 大於 20 點以上進行平單處理 - 平單手續費計算
            close_fee = (now_price / 20 * trade_num * 0.0002)
            # 計算淨利
            profit = ((open_price - now_price) * trade_num) \
                    - open_fee - close_fee
            # 變數重置
            direction = ''
            open_time = ''
            open_price = 0.0
            # 淨利和初始資金進行加總
            start_fin = start_fin + profit
            # 依變動後的資金重新計算下次開單的張數
            trade_num = int(start_fin / 100) * 0.01
            # 重新設置交易旗標為 False 場上無單
            trade_flag = False
        # 設定虧損 20 點為停損點
        elif open_price - now_price < -20:
            # 虧損 20 點以上進行平單處理 - 平單手續費計算
            close_fee = (now_price / 20 * trade_num * 0.0002)
```

```
                              # 計算淨利
                              profit = ((open_price - now_price) * trade_num) \
                                       - open_fee - close_fee
                              # 變數重置
                              direction = ''
                              open_time = ''
                              open_price = 0.0
                              # 淨利和初始資金進行加總
                              start_fin = start_fin + profit
                              # 依變動後的資金重新計算下次開單的張數
                              trade_num = int(start_fin / 100) * 0.01
                              # 重新設置交易旗標為 False 場上無單
                              trade_flag = False
              return start_fin
```

這裡回測函式已經完成了，你可以在主入口函式中對其進行呼叫，然後在呼叫後輸出最終的資金餘額，若大於初始資金則為盈利，若小於初始資金則為虧損，之後再進行參數的調整，去找出利潤最佳化的參數即可。

6.7.7 資料跑完回測結束

到此，簡單的回測腳本已經完成了，原始投入資金為 10000，而從合約開始到當下時間，布林通道技術指標的盈利為 -1209.xx USDT 或是負 1209.xx USDT，這是為何呢？因為僅使用單一策略指標，並無法 100% 確定當下的趨勢是否如布林通道判斷一樣，所以建議多使用其他指標進行綜合判斷會較為可靠，畢竟每個技術指標的功能不同。

```
D:\futures_exam\Scripts\python.exe D:/futures/futures_get_prices/backtest.py
原始資金 = 10000
本 + 利 = 8790.549780026005
```

∩ 圖 6-54　布林通道回測結果

而真正的布林通道的作法是下軌買多上軌平，上軌買空下軌平，我們再做一次修改，看這樣的盈利為何？

在 BUY 的程式碼中，加入價格接近上軌時平倉處理，而 SELL 程式碼中加入價格接近下軌時平倉處理，這是 BUY 裡處理方式的程式碼：

```python
elif now_price > ub - (ub - boll)/5:
    # 當價格接近上軌時進行平倉
    # 計算平倉手續費
    close_fee = (now_price / 20 * trade_num * 0.0002)
    # 計算淨利
    profit = ((now_price - open_price) * trade_num) \
            - open_fee - close_fee
    # 變數重置
    direction = ''
    open_time = ''
    open_price = 0.0
    # 淨利和初始資金進行加總
    start_fin = start_fin + profit
    # 依變動後的資金重新計算下次開單的張數
    trade_num = int(start_fin / 100) * 0.01
    # 重新設定交易旗標為 False 場上無單
    trade_flag = False
```

這是 SELL 裡處理方式的程式碼：

```python
elif now_price < lb + (boll - lb)/5:
    # 價格接近下軌時進行平單處理 - 平單手續費計算
    close_fee = (now_price / 20 * trade_num * 0.0002)
    # 計算淨利
    profit = ((open_price - now_price) * trade_num) \
            - open_fee - close_fee
    # 變數重置
    direction = ''
    open_time = ''
    open_price = 0.0
    # 淨利和初始資金進行加總
    start_fin = start_fin + profit
    # 依變動後的資金重新計算下次開單的張數
    trade_num = int(start_fin / 100) * 0.01
```

```
# 重新設定交易旗標為 False 場上無單
trade_flag = False
```

修改後的執行結果，如圖 6-55 所示。

```
D:\futures_exam\Scripts\python.exe D:/futures/futures_get_prices/backtest.py
原始資金 = 10000
本 + 利 = 8785.719777520004
```

↑ 圖 6-55　修改後的執行結果

圖 6-54 和 6-55 對比起來，結果差不多，反倒是先前的版本還好一點點，讀者也不用灰心和擔心，書末會附上筆者目前使用的完整程式碼，屆時讀者可以對比單一指標的差異，當然在基礎架構上，讀者也可以挑選熟悉的指標或組合進行修改來找出最佳的獲利方程式。

這階段是回測腳本的結尾，但執行結果只能看到原始資金多少？最後的本益是多少？如果想要知道是在何時買進？何時賣出？要怎麼處理？其實就是再設定一個 DataFrame，將每一筆開倉 / 平倉的紀錄寫入資料中，這樣就能清楚記錄資金是如何增加和減少的，所以程式碼中要新增一個報表的欄索引：

```
report_column = [
    'Open_Time',
    'Direction',
    'Open_Price',
    'Close_Time',
    'Close_Price',
    'Open_Fee',
    'Close_Fee',
    'Fin_Total'
]
```

在平單的程式碼中，使用 len 和 loc 的組合用法，將資料新增進 DataFrame 中：

```
# 宣告 report 的 DataFrame
report_data = pd.DataFrame(columns=report_column)
...
```

```
data = [
    open_time,
    direction,
    open_price,
    kline_data.loc[i, 'price'],
    now_price,
    open_fee,
    close_fee,
    start_fin
]
i = len(report_data)
```

重新執行一次：

```
D:\futures_exam\Scripts\python.exe D:/futures/futures_get_prices/backtest.py
原始資金 = 10000
本 + 利 = 8785.719777520004
      Open_Time Direction  Open_Price  ...  Open_Fee  Close_Fee   Fin_Total
0    2019-12-18       BUY      132.74  ...  0.002655   0.001440  10011.295905
1    2020-01-07      SELL      142.86  ...  0.002857   0.001658   9988.381390
2    2020-01-15      SELL      166.60  ...  0.003299   0.001867   9966.606124
3    2020-02-03      SELL      189.92  ...  0.003760   0.002111   9943.483752
4    2020-02-07      SELL      223.57  ...  0.004427   0.002636   9901.233390
..          ...       ...         ...  ...       ...        ...           ...
135  2022-10-25      SELL     1459.20  ...  0.025098   0.013463   8561.008434
136  2022-10-27      SELL     1513.70  ...  0.025733   0.013207   8526.892994
137  2022-10-29      SELL     1618.82  ...  0.027520   0.013514   8551.442460
138  2022-11-04      SELL     1644.09  ...  0.027950   0.013323   8616.570688
139  2022-11-09       BUY     1101.49  ...  0.018946   0.011165   8785.719778

[140 rows x 8 columns]
```

⋒圖 6-56　執行結果

　　從結果中，可以看出在 1081 筆資料中總共執行了 140 筆的交易，從原先的 10,000 到最後的 8,785，由於在執行視窗中無法看到完整的資料，所以可以用 report_df.to_csv('report.csv') 將 DataFrame 寫到 report.csv 檔中，重新執行一遍，開啟報表檔案如圖 6-57 所示。

	Open_Time	Direction	Open_Pric	Close_Time	Close_Pric	Open_Fee	Close_Fee	Fin_Total
0	2019/12/18	BUY	132.74	2020/1/6	144.04	0.002655	0.00144	10011.3
1	2020/1/7	SELL	142.86	2020/1/14	165.77	0.002857	0.001658	9988.381
2	2020/1/15	SELL	166.6	2020/2/2	188.59	0.003299	0.001867	9966.606
3	2020/2/3	SELL	189.92	2020/2/6	213.27	0.00376	0.002111	9943.484
4	2020/2/7	SELL	223.57	2020/2/12	266.24	0.004427	0.002636	9901.233
5	2020/2/13	SELL	268.48	2020/2/25	247.03	0.005316	0.002446	9922.461
6	2020/2/29	BUY	217.31	2020/3/6	244.94	0.004303	0.002425	9949.808
7	2020/3/8	BUY	199.54	2020/3/12	106.71	0.003951	0.001056	9857.901
8	2020/3/13	BUY	134.13	2020/3/16	111.06	0.002629	0.001088	9835.289
9	2020/3/17	BUY	115.68	2020/3/19	136.42	0.002267	0.001337	9855.611
10	2020/4/6	SELL	171.15	2020/4/25	194.25	0.003355	0.001904	9832.967
11	2020/4/26	SELL	197.46	2020/5/28	220.32	0.00387	0.002159	9810.559
12	2020/5/29	SELL	220.65	2020/5/30	243.74	0.004325	0.002389	9787.924
13	2020/5/31	SELL	231.55	2020/6/27	220.94	0.004492	0.002143	9798.209
14	2020/7/6	SELL	241.63	2020/7/22	264.27	0.004688	0.002563	9776.241
15	2020/7/23	SELL	275.56	2020/7/25	305.64	0.005346	0.002965	9747.055
16	2020/7/26	SELL	311.41	2020/7/30	335.3	0.006041	0.003252	9723.872

圖 6-57 報表檔案內容

由報表中可以清楚看到，第一筆交易在 2019/12/18 的多單，進場價格為 132.74，2020/1/6 出場，價格為 144.04，而資金由 10000 來到 10011.3，這樣的報表是不是很詳細了，同時還可以在報表中看到整個回測有多少 BUY 單、多少 SELL 單以及最終的資金是多少。

到此我們完成了：

- 獲得幣安交易所某貨幣的歷史資料函式。
- 歷史資料預處理函式。
- 回測腳本函式（目前使用布林通道）。
- 產生交易報表。

以上四個主要函式便是組成完整回測腳本的基本架構，讀者可再進行相關優化及加強技術指標的判斷，也可自行加入其他指標進行組合分析，在此便不再過多講解或新增功能了。下一章將針對幣安提供的測試環境進行實單模擬。

MEMO

07

模擬平臺

7/1　幣安交易所模擬環境

　　上一章節已經完成簡單的回測腳本程式碼，但有一個功能一直沒完成，就是正式下單的函式，因為回測腳本只是取歷史資料進行分析，但再怎麼分析計算，這些都是舊的資料，是已經發生過的資料，我們可以依測試結果去調整參數，調整到我們認為高盈利的結果。而歷史不可能再重來一遍，直接上線實單操作，又會擔心 order 函式會不會有問題？技術指標正不正確？有沒有可能在正式上線執行腳本前，能有個測試環境進行測試？就像外匯系統一樣，答案是「有的」，幣安交易所提供了一個測試 API 環境，功能和正式 API 一樣，主要是用來進行模擬測試用的。

> **testnet**
> - 本篇接口亦可接入 testnet 測試平台使用
> - **testnet** 的 REST baseurl 為 "https://testnet.binancefuture.com"
> - **testnet** 的 Websocket baseurl 為 "wss://stream.binancefuture.com"

∩ 圖 7-1　幣安測試平臺

　　記得正式版本要申請 API KEY 嗎？在模擬測試平臺也一樣要提供 API KEY，所以不論你是否擁有幣安交易所的帳號及 API KEY，在這個環節還是要在測試平臺上重新申請一次，測試平臺網址： URL https://testnet.binancefuture.com/en/futures/BTCUSDT。

∩ 圖 7-2　幣安測試平臺頁面

　　可以看出和正式交易所的介面沒有差異，資料也是即時的。同樣的，如果有英文恐懼症，請更改成繁體中文介面，然後點擊「註冊」按鈕來註冊一個新帳戶，而註冊途徑只有郵箱註冊，註冊流程一樣，請自行完成。

∩圖 7-3　測試平臺的註冊介面

　　註冊完成後，請登錄到測試平臺，接下來要進行 API 的申請。測試網站申請 API 的地方有點不太一樣，登錄後在 K 線下方找到「API 密鑰」並點擊。

∩圖 7-4　你的測試平臺專屬 API 密鑰

　　雖然是測試網站上的 API 密鑰，但也請妥善保存不外流，接下來將 API 密鑰和 API 私鑰複製後，填入先前所設定的變數裡：

```
API_KEY = '4X6X2X9X4X4X1XbX4X5X3X3X5X3X5X4X1X3XfXfXbX1XbX1X4XaXeX9X9X3X0X0X'
SECRET_KEY = '7XcX9X5X8XcXfX7X0X1X5X5X0XeXfXaXfXcXaX1X4XfX1XdX1X5XfXeX6X5X
dX1X'
BASE_URL = 'https://testnet.binancefuture.com'
```

　　要如何得知當前環境是在測試平臺、還是在正式平臺呢？很簡單，因為幣安在測試平臺中提供給用戶 15,000 USDT 的測試代幣，所以只需要完成一個讀取錢包資料的函式，看錢包裡是不是有 15,000 USDT 的測試代幣，若你的正式平臺錢包也有 15,000 USDT 的話，就得用另一種方式了。以下分別對兩種方式進行說明：

● 使用繼承 UMFutures 的方式

```
um_futures_client = UMFutures(
    key=API_KEY,
    secret=SECRET_KEY,
    base_url=BASE_URL
)
```

繼承 UMFutures 類別，同時傳入三個參數：

參數名稱	說明
key	API 密鑰（API_KEY）。
secret	API 私鑰（SECRET_KEY）。
base_url	API 主網（BASE_URL）。

繼承後可以使用：

```
print(um_futures_client.base_url)
```

看當前的環境主網是什麼？

```
D:\futures_exam\Scripts\python.exe D:/futures/futures_get_prices/binance_real.py
https://testnet.binancefuture.com
```

∩圖 7-5　執行結果

● 使用錢包函式確認錢包餘額

　　涉及到環境確認的問題，小心點總是好一點，所以和先前 get_price 和 get_klines 的作法相同，我們要寫一個讀取帳戶餘額的函式：

```python
def get_balance():
    try:
        response = um_futures_client.balance(recvWindow=6000, assetl='USDT')
        logging.info(response)
        return response
    except ClientError as error:
        logging.error(
            "Found error. status: {}, error code: {}, error message: {}".
                format(error.status_code,
                    error.error_code,
                    error.error_message
                )
        )
```

```
D:\futures_exam\Scripts\python.exe D:/futures/futures_get_prices/binance_real.py
[{'accountAlias': 'FzFzTiuXAuAuuX', 'asset': 'BTC', 'balance': '0.00000000', 'crossWalletBalance': '0.000
```

⋒ 圖 7-6　執行結果

可以看到 API 把所有錢包的訊息一次性讀取出來，但這不是我們需要的，因為 U 本位合約最重要的是 USDT 錢包，所以我們要直接回傳 USDT 錢包的餘額。這裡我們用了一個 for 迴圈遍歷的方式去取得：

```python
def get_balance():
    try:
        wallet = 0
        response = um_futures_client.balance(recvWindow=6000)
        logging.info(response)
        for i in range(1, len(response)):
            if response[i].get('asset') == 'USDT':
                wallet = response[i].get('balance')
                break
        return wallet
    except ClientError as error:
        logging.error(
            "Found error. status: {}, error code: {}, error message: {}".
                format(error.status_code,
                    error.error_code,
```

```
                    error.error_message
        )
    )
```

```
D:\futures_exam\Scripts\python.exe D:/futures/futures_get_prices/get_balance.py
USDT錢包餘額 = 15020.74498799
```

∩ 圖 7-7　執行結果

下單程式的完善

7.2.1　下單程式的完成度

其實整個腳本的流程很簡單：

1. 讀取 K 線資料。

2. 計算技術指標。

3. 依組合判斷方向，同時進行下單及記錄。

4. 下單後，讀取即時價格判斷是否達到平倉的標準。

5. 判斷要不要補單或分階段平倉。

6. 進行平單記錄。

而以目前完成度來說：

❑ 讀取 K 線資料：已完成。

❑ 計算技術指標：框架已完成，置換技術指標即可。

❑ 組合判斷未完成，下單函式未完成，記錄功能已完成。

❑ 即時價格已完成，判斷平倉標準未完成。

❏ 補單、分批止盈未完成。

❏ 平單記錄：函式已完成。

　　基本上，完成度至少 50% 以上了，接下來要先進行的是重新打造一個腳本框架，然後一個一個把拼圖放上去。先前是針對回測腳本的框架，而在實單模擬平臺不需要歷史資料，所以得進行調整。基本程式碼框架如下：

```python
from binance.um_futures import UMFutures
import logging
from binance.error import ClientError
import pandas as pd
import time
from datetime import datetime
import TA-Lib


SYMBOL = 'ETHUSDT'


API_KEY = ""
SECRET_KEY = ''
BASE_URL = ''


# 取得 USDT 錢包值
def get_balance():
    return 0


# 取得 K 線資料
def get_kline():
    return 0


# 取得即時價格
def get_price():
    return 0


# 下單 / 平單函式
def new_order():
    return 0
```

```
# 從 K 線資料中讀取資料
def read_data():
    return 0

# 指標計算
def indicator_cal():
    return 0


# 報告輸出函式
def report_csv():
    return 0

if __name__=='__main__':
    # 變數設定
    ...
    # 無限迴圈
    while True:
        # 執行
        print('')
```

　　看完整個腳本框架的感覺是什麼呢？是不是覺得沒想像中複雜？連主入口程式算起來才八個函式，五個已經實作完成，沒完成的三個函式中，兩個有基礎，唯一沒完成的是 new_order 函式，你應該猜到了吧，可把之前完成的函式一個一個搬過來完成，不過筆者的建議是重新把程式碼輸入一遍，會比較熟練。完成後，筆者針對部分調整的地方做一些簡單的說明。

```
from binance.um_futures import UMFutures
import logging
from binance.error import ClientError
import pandas as pd
import time
from datetime import datetime
import TA-Lib

# 設定交易對
```

```python
SYMBOL = 'ETHUSDT'

# 幣安 API 和 API 網址
API_KEY = '4X6X2X9X4X4X1XbX4X5X3X3X5X3X5X4X1X3XfXfXbX1XbX1X4XaXeX9X9X3X0X0X'
SECRET_KEY = '7XcX9X5X8XcXfX7X0X1X5X5X0XeXfXaXfXcXaX1X4XfX1XdX1X5XfXeX6X5XdX1X'
BASE_URL = 'https://testnet.binancefuture.com'
# BASE_URL = 'https://fapi.binance.com'

# 繼承 UMFutures 類別
um_futures_client = UMFutures(key=API_KEY, secret=SECRET_KEY, base_url=
BASE_URL)

# 取得 USDT 錢包值
def get_balance(symbol):
    try:
        wallet = 0
        response = um_futures_client.balance(recvWindow=6000)
        logging.info(response)
        for i in range(1, len(response)):
            if response[i].get('asset') == symbol:
                wallet = response[i].get('balance')
                break
        return wallet
    except ClientError as error:
        logging.error(
            "Found error. status: {}, error code: {}, error message: {}".
                format(error.status_code,
                    error.error_code,
                    error.error_message
            )
        )

# 取得 K 線資料
def get_kline(symbol, interval, limit):
    try:
        res = um_futures_client.klines(symbol, interval, limit=limit)
        return res
    except ClientError as Error:
```

```python
        logging.error(
            "Found error. status: {}, error code: {}, error message: {}".
                format(
                Error.status_code, Error.error_code, Error.error_message
            )
        )
        return 0

# 取得即時價格
def get_price(symbol):
    try:
        res = float(um_futures_client.ticker_price(symbol)['price'])
        return res
    except ClientError as Error:
        logging.error(
            "Found error. status: {}, error code: {}, error message: {}".
                format(
                Error.status_code, Error.error_code, Error.error_message
            )
        )
        return 0

# 下單 / 平單函式
def new_order():
    return 0

# 從 K 線資料中讀取資料
def read_data():
    return 0

# 指標計算
def indicator_cal():
    return 0


# 報告輸出函式
def report_csv():
    return 0
```

```python
if __name__ =='__main__':
    # 1. 宣告變數 -- 開單訊息
    # 交易旗標，場上是否存在交易
    trade_flag = False
    # 開單時間
    open_time = ''
    # 開單方向
    direction = ''
    # 2. 宣告變數 -- 資金 / 倉位
    # 初始資金
    start_fin = float(get_balance('USDT'))
    print(start_fin)
    # 倉位管理以 100 為單位，每 100 下 0.01 張
    trade_num = int(start_fin / 100) * 0.01
    print(trade_num)
    # 2. 宣告變數 -- 手續費
    open_fee = 0.0
    close_fee = 0.0

    # 無限迴圈
    #while True:
        # 執行
```

get_balance 函式中加入了 symbol 的參數，主要是讓函式使用更靈活，可自行設定要讀取哪個幣種的帳戶餘額，所以在遍歷資料時採用了 get('asset')=symbol 的處理，最終回傳要取得的錢包餘額。

get_kline 函式的參數進行了調整，主要是因為不用讀取歷史資料，同時可以調整讀取筆數，所以參數改成 symbol、interval 和 limit 三個即可。初始資金的取得是直接讀取 get_balance 來取得 USDT 的餘額，而無須手動設定。基礎框架已經大致底定，由於幣安測試平臺每到晚上因流量問題而無法順利執行，所以接下來要完成 new_order 函式。

7.2.2　完成 new_order 函式

我們先來看看幣安的 SDK 說明裡怎麼說：

下單（TRADE）

POST /fapi/v1/order (HMAC SHA256)

參數如下：

參數名稱	型別	是否必需	說明
symbol	STRING	YES	交易對。
side	ENUM	YES	買賣方向 SELL、BUY。
positionSide	ENUM	NO	持倉方向，單向持倉模式下非必填，預設且僅可填 BOTH；在雙向持倉模式下必填，且僅可選擇 LONG 或 SHORT。
type	ENUM	YES	訂單型態 LIMIT、MARKET、STOP、TAKE_PROFIT、STOP_MARKET、TAKE_PROFIT_MARKET、TRAILING_STOP_MARKET。
reduceOnly	STRING	NO	True、false；非雙開模式下預設 false；雙開模式下不接受此參數；使用 closePosition 不支援此參數。
quantity	DECIMAL	NO	下單數量，使用 closePosition 不支援此參數。
price	DECIMAL	NO	委託價格。
nweClientOrderid	STRING	NO	使用者自訂的訂單號，不可以重複出現在掛單中。如空缺，系統會自動賦值。必須滿足正則規則 ^[\.A-Z\：/a-z0-9_-]{1，36}$。
stopPrice	DECIMAL	NO	觸發價，STOP、STOP_MARKET、TAKE_PROFIT、TAKE_PROFIT_MARKET 需要此參數。
closePosition	STRING	NO	true、false；觸發後全部平倉，僅支援 STOP_MARKET 和 TAKE_PROFIT_MARKET；不與 quantity 合用；自帶只平倉效果，不與 reduceOnly 合用。

參數名稱	型別	是否必需	說明
activationPrice	DECIMAL	NO	追蹤止損啟動價格，僅 TRAILING_STOP_MARKET 需要此參數，預設為下單當前市場價格（支援不同 workingType）。
callbackRate	DECIMAL	NO	追蹤止損回檔比例，可取值範圍[0.1、5]，其中 1 代表 1%，僅 TRAILING_STOP_MARKET 需要此參數。
timeInForce	ENUM	NO	有效方法。
workingType	ENUM	NO	stopPrice 觸發型態：MARK_PRICE（標記價格）、CONTRACT_PRICE（合約最新價），預設 CONTRACT_PRICE。
priceProtect	STRING	NO	條件單觸發保護："TRUE"、"FALSE"，預設 "FALSE"。 僅 STOP、STOP_MARKET、TAKE_PROFIT、TAKE_PROFIT_MARKET 需要此參數。
newOrderRespType	ENUM	NO	"ACK"、"RESULT"，預設 "ACK"。
recvWindow	LONG	NO	
timestamp	LONG	YES	時間戳。

根據下單種類（type）的不同，某些參數為強制要求，具體如下：

種類	強制要求的參數
LIMIT	TimeInForce、quantity、price
MARKET	Quantity
STOP, TAKE_PROFIT	Quantity、price、stopPrice
STOP_MARKET, TAKE_PROFIT_MARKET	stopPrice
TRAILING_STOP_MARKET	

● 條件單的觸發

若訂單參數 priceProtect 為 True

❏ 達到觸發價時，MARK_PRICE（標記價格）與 CONTRACE_PRICE（合約最新價）之間的價差不能超過改 symbol 觸發保護閥值。

❏ 觸發保護閥值，請參考介面 GET /fapi/v1/exxchangeInfo 回傳內容相應 symbol 中 triggerProtect 欄位。

STOP、STOP_MARKET 止損單

❏ 買入：最新合約價格 / 標記價格高於等於觸發價 stopPrice。

❏ 賣出：最新合約價格 / 標記價格低於等於觸發價 stopPrice。

TAKE_PROFIT、TAKE_PROFIT_MARKET 止盈單

❏ 買入：最新合約價格 / 標記價格低於等於觸發價 stopPrice。

❏ 賣出：最新合約價格 / 標記價格高於等於觸發價 stopPrice。

TRAILING_STOP_MARKET 追蹤止損單

❏ 買入：當合約價格 / 標記價格區間最低價格低於啟動價格 activationPrice，且最新合約價格 / 標記價格高於等於最低價設定回調幅度。

❏ 賣出：當合約價格 / 標記價格區間最高價格高於啟動價格 activationPrice，且最新合約價格 / 標記價格低於等於最高價設定回調幅度。

⬤ 若 TRAILING_STOP_MARKET 追蹤止損單遇到報錯

{ "code"： -2021, "msg"： "Order would immediately trigger."} 表示訂單不滿足以下條件：

❏ 買入：指定的 activationPrice 必須小於 latest price。

❏ 賣出：指定的 activationPrice 必須大於 latest price。

⬤ 若 newOrderRespType 傳 RESULT

❏ MARKET 訂單將直接回傳成交結果。

❏ 配合使用特殊 timeInForce 的 LIMIT 訂單，將直接回傳成交或過期拒絕結果。

STOP_MARKET、TAKE_PROFIT_MARKET 配合 closePosition = True

❑ 條件單觸發是依照上述條件單觸發邏輯。

❑ 條件觸發後，平掉當時持有所有多頭倉位（若為賣單）或當時持有所有空頭倉位（若為買單）。

❑ 不支援 quantity 參數。

❑ 自帶平倉屬性，不支援 reduceOnly 參數。

❑ 雙開模式下，LONG 方向上不支援 BUY；SHORT 方向不支援 SELL。

回傳參數：

```
{
    "clientOrderId" : "testOrder",   // 使用者自訂的訂單號
    "cumQty" : "0",
    "cumQuote" : "0",                // 成交金額
    "executedQty" : "0",             // 成交量
    "orderId" : 22542179,            // 系統訂單號
    "avgPrice" : "0.00000",          // 平均成交價
    "origQty" : "10",                // 原始委託數量
    "price" : "0",                   // 委託價格
    "reduceOnly" : false,            // 僅減倉
    "side" : "SELL",                 // 買賣方向
    "positionSide" : "SHORT",        // 持倉方向
    "status" : "NEW",                // 訂單狀態
    "stopPrice" : "0",               // 觸發價，對 'TRAILING_STOP_MARKET' 無效
    "closePosition" : false,         // 是否條件全平倉
    "symbol" : "BTCUSDT",            // 交易對
    "timeInForce" : "GTC",           // 有效方法
    "type" : "TRAILING_STOP_MARKET", // 訂單型態
    "origType" : "TRAILING_STOP_MARKET",    // 觸發前訂單型態
    "activatePrice" : "9020",        // 追蹤止損啟動價格，僅 'TRAILING_STOP_
                                     //    MARKET' 訂單回傳此欄位
    "priceRate" : "0.3",             // 追蹤止損回檔比例，僅 'TRAILING_STOP_
```

```
                                  MARKET' 訂單回傳此欄位
    "updateTime" : 1566818724722,      // 更新時間
    "workingType" : "CONTRACT_PRICE", // 條件價格觸發型態
    "priceProtect" : false            // 是否開啟條件單觸發保護
}
```

以上是幣安官方 SDK 說明內容，看了這麼多的說明內容後應該有點混亂了，簡單來說，合約有兩種型態的交易：

❑ **限價單（LIMIT）**：市場是波動的，但波動無法掌控，交易者可以設定一個心理預期價格，當觸發到該價位時即進行撮合交易。

❑ **市價單（MARKET）**：同理，但交易者想儘快成交，以當時時價進場，不限制價位。

當完成下單後，交易老手會進行止盈止損的設定，這時就會使用到 STOP（限價止損）、STOP_MARKET（市價止損）以及 TAKE_PROFIT（限價止盈）、TAKE_PROFIT_MARKET（市價止盈）等設定，使用哪種交易的情況下需要設定哪些參數，在官網 SDK 裡已說明得很詳細，讀者可依自己的喜好進行參數設定。MARKET 不需要設定價格，因為系統會依即時價格進行撮合交易，只需要 quantity（數量）參數即可。在此會使用市價單，也就是即時單來做說明。

```
29 lines (25 sloc)   715 Bytes
1   #!/usr/bin/env python
2   import logging
3   from binance.um_futures import UMFutures
4   from binance.lib.utils import config_logging
5   from binance.error import ClientError
6
7   config_logging(logging, logging.DEBUG)
8
9   key = ""
10  secret = ""
11
12  um_futures_client = UMFutures(key=key, secret=secret)
13
14  try:
15      response = um_futures_client.new_order(
16          symbol="BTCUSDT",
17          side="SELL",
```

♠ 圖 7-9　GitHub 上的 new_order 範例

```
18              type="LIMIT",
19              quantity=0.001,
20              timeInForce="GTC",
21              price=59808.02,
22          )
23          logging.info(response)
24      except ClientError as error:
25          logging.error(
26              "Found error. status: {}, error code: {}, error message: {}".format(
27                  error.status_code, error.error_code, error.error_message
28              )
29          )
```

🎧 圖 7-9　GitHub 上的 new_order 範例（續）

　　看到這裡，應該知道接下來要怎麼做了。複製程式碼並置入 new_order 函式裡，同時將會變動的變數當成參數傳入，這裡 symbol、side、quantity 必須由外部傳入，type 部分可自行決定是否由外部傳入，在此會將其固定為 market，程式碼如下：

```
# 下單 / 平單函式
def new_order(symbol, side, quantity):
    try:
        response = um_futures_client.new_order(
            symbol=symbol,
            side=side,
            type="MARKET",
            quantity=quantity
        )
        logging.info(response)
        return response['orderId']
    except ClientError as error:
        logging.error(
            "Found error. status: {}, error code: {}, error message: {}".
            format(error.status_code,
            error.error_code,
            error.error_message
            )
        )
```

注意到在回傳值的地方，回傳了 orderId，這是因為之後要查詢或平單都會用到這個參數，否則只能用時間段讀取後，逐一判斷每筆交易的狀況後再做處理，接下來我們來測試一下是否可以正常下單：

```
order_id = new_order(SYMBOL, 'SELL', 0.01)
print(order_id)
```

這裡我們下了一單 SELL 單的 ETHUSDT 合約，數量為 0.01 個 ETH，槓桿為預設值 20X，結果回傳了一個 order_id：959628054，證明已經完成下單動作了，那接下來我們看一下測試平臺上是否有這個單。

圖 7-9　測試平臺上的交易狀況

圖 7-9 可以看到平臺上已有剛剛開出的交易：ETHUSDT 20X，交易量為 0.010ETH，進入價格為 1,265.79，目前市場價格為 1,265.80，而目前的投報率（ROE%）為 +0.51%，也就是說，這個單目前是盈利的狀態，還蠻幸運的。

現在有個問題，已經確定可以正常下單了，但成交價怎麼知道？如果不清楚成交價，那要怎麼計算盈虧呢？這時就需要另一個函式了，也就是進行訂單查詢。

```
# 取得訂單內容及回傳成交價格
def get_order(symbol, orderId):
    try:
        response = um_futures_client.get_all_orders(
            symbol=symbol,
            orderId=orderId,
            recvWindow=2000)
        logging.info(response)
        return float(response[0]['avgPrice'])
    except ClientError as error:
        logging.error(
            "Found error. status: {}, error code: {}, error message: {}".
```

```
            format(error.status_code,
            error.error_code,
            error.error_message
        )
    )
```

這裡遇到一些問題：正常為使用 get_orders，但卻沒有回傳值。看了 SDK 套件程式碼，發現用了 fapi/v1/openOrders，因此把程式碼更改成 fapi/v1/order，結果報錯，最後用了 get_all_orders，才能正確取得訂單資料。而又為什麼回傳的是 avgPrice 呢？這是因為有可能一張訂單無法一次性成交，會分成好幾筆小訂單成交，所以會取每筆小訂單成交價的平均值來做計算。

另一個問題來了，幣安 SDK 說明檔案裡只有 new_order，並沒有 close_order，那開了單要如何平單呢？由於筆者採用的是單向開單，也就是場上只做一個方向的單，並不會增開反向單，一單平了再開下一單。還記得我們一開始開的單是什麼嗎？ETHUSDE 20X、SELL、0.010ETH，所以要平單的話，只要再執行一次 new_order 函式，把 SELL 方向改成 BUY 方向，就會平掉場上的單了。由於我們是在測試是否可以透過 API 進行下單及平單交易，所以我們就不管趨勢直接平倉了。

| 2022-10-14 11:09:29 | ETHUSDT 永續 | 買入 | 1,332.64 | 0.010 ETH | 0.00533056 USDT | 影平倉 | -0.01420000 USDT |
| 2022-10-14 10:39:25 | ETHUSDT 永續 | | 1,331.22 | 0.010 ETH | 0.00532488 USDT | 影平倉 | 0.00000000 USDT |

⋒圖 7-11　開倉後平倉的列表

由於是隨機決定平倉，所以這裡的結果是虧損的。沒關係，因為是在測試平臺上進行測試，如果是在實倉，那就真虧了，接下來要進行指標計算及組合判斷。

7／3　指標計算及組合判斷

7.3.1　KDJ 及 ATR 指標

其實筆者只用了兩個技術指標作為組合，分別是：

⚫ KDJ 指標

KDJ = STOCH

⬤圖 7-12　KDJ 指標

　　KDJ 指標在圖中有三根線，分別為 K 線（紫線）、D 線（淺藍）和 J 線（橘線），其中 K 線稱為「快速指標」，D 線稱為「慢速指標」。理論上來說，當 K 線向上突破 D 線時，表示為上漲趨勢，可以買入；當 K 線向下突破 D 線時，表示為下跌趨勢，應當賣出。KDJ 指標一般參數設為 (9, 3, 3)，數值越高，對價格波動則越不敏感。

⚫ ATR 指標

　　這是筆者個人喜好的指標，目前在各大交易所的系統中並沒有提供這個技術指標，網路上針對應用的說明也很少，這是筆者調試許久的判斷方式，在本書中也一併提供出來了。

7.3.2　指標實作

　　既然知道使用這兩個技術指標了，接下來進行實作吧。

```python
# 指標計算
def indicator_cal():
    # 從幣安取得 N 根 K 棒
    ohlcv = pd.DataFrame(get_kline(SYMBOL, '1m', 50),
                         columns=[
                             'timestamp',
                             'open',
                             'high',
                             'low',
                             'close',
                             'volume',
```

```
                                      'close_time',
                                      'quote_av',
                                      'trades',
                                      'tb_base_av',
                                      'tb_quote_av',
                                      'ignore'])

# 計算出 K、D、J 值
kline_data['date_time'] = ohlcv['timestamp']
kline_data['k'], kline_data['d'] = TA-Lib.STOCH(
                                      ohlcv['high'],
                                      ohlcv['low'],
                                      ohlcv['close'],
                                      fastk_period=9,
                                      slowk_period=3,
                                      slowd_period=3)
kline_data['j'] = 3 * kline_data['k'] - 2 * kline_data['d']
kline_data['price'] = ohlcv['close']

# 計算 ATR 的值
kline_data['atr'] = TA-Lib.ATR(
    ohlcv['high'],
    ohlcv['low'],
    ohlcv['close'],
    timeperiod=14)

k, d, j, now_atr, pre_atr, new_price, pre_price = \
    read_data(kline_data, 48)

buy_sell = ''

if (new_price - pre_price) / pre_price > (now_atr - pre_atr) / \
        pre_atr and (now_atr > pre_atr):
    if (j < k) and (k < d) and (j < 40):
        buy_sell = 'BUY'
elif (pre_price - new_price) / new_price > (pre_atr - now_atr) / \
        now_atr and (now_atr < pre_atr):
    if (j > k) and (k > d) and (j > 60):
```

```
          buy_sell = 'SELL'

    return buy_sell, kline_data
```

其實邏輯和回測腳本還是一樣的，也就是：

❑ 取得 K 線資料，由於只有一個 ATR 會有時間週期，且為 14 天，不需要過多的資料，所以把 K 棒數量設定為 50 根即可。

❑ 計算技術指標的資料，建立一個空的 DataFrame 儲存計算後的指標資料。

❑ 由於資料為 0-49，而後一根資料還未跑完（時間還沒到），所以我們直接取第 48根完整跑完的資料做判斷。

❑ ATR 的判斷：

　■ (現價 - 前價) / 前價 > (當前 ATR 值 - 前根 ATR 值) 為多。

　■ (前價 - 現價) / 現價 > (前根 ATR 值 - 當前 ATR 值) 為空。

> **🔔 說明**
>
> 不要問筆者為什麼是這樣的判斷方式，筆者找了好多資料，也是做了很多嘗試而試出來的。

❑ KDJ 的判斷：

　■ STOCH 只回傳 K 和 D 的值，而 J 的取得公式為「J = 3 * K – 2 * D」。

　■ 當 K 小於 D 和 J 且 J < 40 時為多。

　■ 當 K 大於 D 和 J 且 J > 60 時為空。

概念是當 J 值小於 40 且 K 值向上時反向做多；相反的，J 值大於 60 而 K 值向下時反向做空。這是筆者嘗試過 MACD、BBANDS、RSI、MA、STOCH、ATR 等技術指標，不論是單一指標或是組合指標後找出最佳的組合模式，但由於市場變化大又快，後續還得持續關注趨勢變化的方向進行技術指標的調整。

當然計算完存入 DataFrame 後，需要讀取第 48 筆的結果，這裡用了 read_data 的函式讀取：

```
# 將單筆資料讀取出來
def read_data(data, i):
    k = float(data.loc[i, 'k'])
    d = float(data.loc[i, 'd'])
    j = float(data.loc[i, 'j'])
    now_atr = float(data.loc[i, 'atr'])
    pre_atr = float(data.loc[i - 1, 'atr'])
    new_price = float(data.loc[i, 'price'])
    pre_price = float(data.loc[i - 1, 'price'])
    return k, d, j, now_atr, pre_atr, new_price, pre_price
```

可以看到，在函式中我們把每個值做了型態轉換後才回傳，原因是回傳後要進行計算或判斷，不轉型會被視為 string。

另外，不知道有沒有發現 get_kline 的區間變成了 1m（一分鐘），選擇 1m 的原因是在數位貨幣交易中的交易時間越短越安全，畢竟它的波動比其他金融商品要大得多，所以採行了快進快出的方式，真的判斷錯誤時，便得進行補單了，這個留待後面討論及說明。

不知不覺間，所有函式好像完成得差不多了，查看一下，目前只剩報告輸出（report_csv）和主程式沒完成而已，我們加緊腳步完成它吧。

```
if __name__=='__main__':
    # 1. 宣告變數 -- 開單訊息
    # 交易旗標，場上是否存在交易
    trade_flag = False
    # 開單時間
    open_time = ''
    # 開單方向
    direction = ''
    # 開單價格
    open_price = 0.0
    # 2. 宣告變數 -- 資金 / 倉位
    # 初始資金
    start_fin = float(get_balance('USDT'))
    # 倉位管理以 100 為單位，每 100 下 0.01 張
    trade_num = int(start_fin / 100) * 0.01
```

```
# 2. 宣告變數 -- 手續費
open_fee = 0.0
close_fee = 0.0
# 補單次數
dup_time = 0
# 獲利延伸
dup_profit = 1
# 無限迴圈
while True:
    new_time = time.time()
    if int(new_time) % 60 == 0:
        old_time = new_time - 60
        print(old_time, new_time)
        break
while True:
    if not trade_flag:
        new_time = time.time()
        # print(new_time, old_time)
        if new_time - old_time >= 60:
            # 判斷當前方向
            print('start_time = {}'.format(datetime.now()))
            direction, kline_data = indicator_cal()
            print('end_time = {}'.format(datetime.now()))
            print(datetime.now())
            # print(kline_data)
            if direction != '':
                open_time = datetime.now()
                orderId = new_order(SYMBOL, direction, trade_num)
                open_price = get_order(SYMBOL, orderId)
                trade_flag = True
                open_fee = open_price / 20 * trade_num * 0.0004
                print('開單日期：{} 開單價格：{} 開單數量：{} 開單手續費：{}'
                        .format(open_time, open_price, trade_num, open_fee))
            old_time = new_time
    elif trade_flag:
        new_time = time.time()
        if new_time - old_time >= 60:
            # 方向為 BUY 時
```

```python
now_price = get_price(SYMBOL)
new_time = time.time()
if new_time - old_time >= 60:
    now_direction, kline_data = indicator_cal()
    old_time = new_time
else:
    now_direction = direction
if direction == 'BUY':
    if now_price - open_price > 120 * dup_profit:
        if now_direction == '' or now_direction == 'SELL':
            orderId = new_order(SYMBOL, 'SELL', trade_num)
            close_price = get_order(SYMBOL, orderId)
            close_fee = close_price / 20 * trade_num * 0.0002
            open_fee2 = ''
            dup_time = 0
            direction = ''
            open_time = ''
            open_price = 0.0
            dup_profit = 1
            start_fin = float(get_balance('USDT'))
            trade_num = int(start_fin/100) * 0.01
            trade_flag = False
        else:
            dup_profit += 1
    elif now_price - open_price < -100 * (dup_time+1):
        if dup_time < 2:
            orderId = new_order(SYMBOL, direction, trade_num*2)
            temp_price = get_order(SYMBOL, orderId)
            open_price = (open_price + temp_price * 2) / 3
            open_fee = open_fee + \
                    (temp_price / 20 * trade_num * 2 * 0.0002)
            trade_num = trade_num + (trade_num * 2)
            dup_time = dup_time + 1

    if dup_time >= 2:
        if now_price - open_price > 50 * dup_profit:
            if now_direction == '' or now_direction == 'SELL':
                orderId = new_order(SYMBOL, 'SELL', trade_num)
```

```python
                        close_price = get_order(SYMBOL, orderId)
                        close_fee = close_price/20 * trade_num * 0.0002

                        open_fee2 = ''
                        dup_time = 0
                        direction = ''
                        open_time = ''
                        open_price = 0.0
                        dup_profit = 1
                        start_fin = float(get_balance('USDT'))
                        trade_num = int(start_fin / 100) * 0.01
                        trade_flag = False
                    else:
                        dup_profit += 1


        elif direction == 'SELL':
            if open_price - now_price > 120 * dup_profit:
                if now_direction == '' or now_direction == 'BUY':
                    orderId = new_order(SYMBOL, 'BUY', trade_num)
                    close_price = get_order(SYMBOL, orderId)
                    close_fee = close_price / 20 * trade_num * 0.0002
                    dup_time = 0
                    direction = ''
                    open_time = ''
                    open_price = 0.0
                    dup_profit = 1
                    start_fin = float(get_balance('USDT'))
                    trade_num = int(start_fin / 100) * 0.01
                    trade_flag = False
            elif open_price - now_price < -100 * (dup_time + 1):
                if dup_time < 2:
                    orderId = new_order(SYMBOL, direction, trade_num*2)
                    temp_price = get_order(SYMBOL, orderId)
                    open_price = (open_price + temp_price * 2) / 3
                    open_fee = open_fee + \
                            (temp_price / 20 * trade_num * 2 * 0.0002)
                    trade_num = trade_num + (trade_num * 2)
                    dup_time = dup_time + 1
```

```
                    if dup_time >= 2:
                        if open_price - now_price > 50 * dup_profit:
                            if now_direction == '' or now_direction == 'BUY':
                                orderId = new_order(SYMBOL, 'BUY', trade_num)
                                close_price = get_order(SYMBOL, orderId)
                                close_fee = (close_price / 20 * \trade_num
                                             * 0.0002)
                                dup_time = 0
                                direction = ''
                                open_time = ''
                                open_price = 0.0
                                start_fin = float(get_balance('USDT'))
                                trade_num = int(start_fin / 100) * 0.01
                                trade_flag = False
                        else:
                            dup_profit += 1
```

程式碼非常簡單，這裡就不一行一行做說明了。在程式碼裡用了幾個技巧，其中一個是因為 K 棒間隔為 1 分鐘，太過即時去取資料其實太浪費頻寬了，所以寫段程式把時間定格在每分鐘起始：

```
while True:
    new_time = time.time()
    if int(new_time) % 60 == 0:
        old_time = new_time - 60
        print(old_time, new_time)
        break
```

由於 10 位的時間戳以 60 為一分鐘，所以時時去讀取當前時間取 60 的餘數後，若為 0 便是分鐘整的時間了。

7.3.3　盈虧及平倉

接下來說明怎麼判斷盈虧和平倉的原理。坊間大約 1~3% 的倉位管理，也就是 15,000 USDT 大約下單 450 USDT，假設價格為 1,300，採用 100 USDT 下單 0.01，所以 15,000 USDT 會下單 1.5 枚，1.5 * 1300 / 20 倍槓桿 = 97.5，以金額比來說大約是 0.65% 而已，所以承受的上下震盪空間很大，不用擔心爆倉的問題，同時還有補倉的空間。

什麼叫「補倉」？舉例來說：

❏ 開多在 2,000 的價格，數量 1.5，結果大跌到 1,300。

❏ 此時進行補倉，也就是相同方向多開一單雙倍單，所以平均價會是 (2,000 * 1.5 + 1,300 * 3) / 4.5 = 1,533.33。此時價格由原先的 2000 降到 1,533.33 開的單，一旦價格上漲到 1,533 以上，便開始盈利。

❏ 雖然當下各國正大力打壓，但區塊鏈仍舊是個趨勢，所以主流的數位貨幣要歸 0 的可能性不高，而且 ETH 一日最大波動大約在 1,000 左右（最高波動），所以筆者採用了只做止盈、不做止損的方法，現在為 800-4,000 的區間波動，當然未來如何無法得知。

❏ 止盈方式為「現價大於開單價 120 以上」時進行平單。

● 止盈程式碼

❏ 大於 120 點距離後進行平倉。

❏ 平倉後計算手續費及盈利。

❏ 重置變數：

```
if open_price - now_price > 120 * dup_profit:
    if now_direction == '' or now_direction == 'BUY':
        orderId = new_order(SYMBOL, 'BUY', trade_num)
        close_price = get_order(SYMBOL, orderId)
        close_fee = close_price / 20 * trade_num * 0.0002
        profit = (open_price - close_price) * trade_num \
                 - open_fee - close_fee
        dup_time = 0
        direction = ''
        open_time = ''
        open_price = 0.0
```

```
    dup_profit = 1
    start_fin = float(get_balance('USDT'))
    trade_num = int(start_fin / 100) * 0.01
    trade_flag = False
```

補倉程式碼

❏ 當 dup_time < 2，表示最多補倉 2 次。

❏ 每次補倉為 dup_time 的 100 倍點位，同時為 2 倍補倉。

```
elif open_price - now_price < -100 * (dup_time + 1):
    if dup_time < 2:
        orderId = new_order(SYMBOL, direction, trade_num*2)
        temp_price = get_order(SYMBOL, orderId)
        open_price = (open_price + temp_price * 2) / 3
        open_fee = open_fee + \
                   (temp_price / 20 * trade_num * 2 * 0.0002)
        trade_num = trade_num + (trade_num * 2)
        dup_time = dup_time + 1
```

補倉後止盈

由於補了 2 次，表示市場判斷方向錯誤，當均價下拉後，高於均價 50 點後，止盈出場。

```
if dup_time >= 2:
    if open_price - now_price > 50 * dup_profit:
        if now_direction == '' or now_direction == 'BUY':
            orderId = new_order(SYMBOL, 'BUY', trade_num)
            close_price = get_order(SYMBOL, orderId)
            close_fee = (close_price / 20 * trade_num * 0.0002)
            profit = ((open_price - close_price) * trade_num) \
                     - open_fee - close_fee
            dup_time = 0
            direction = ''
```

```
        open_time = ''
        open_price = 0.0
        start_fin = float(get_balance('USDT'))
        trade_num = int(start_fin / 100) * 0.01
        trade_flag = False
    else:
        dup_profit += 1
```

　　BUY 和 SELL 的程式碼主要是方向不同，計算方式不一樣而已，所以就不重複說明了，腳本至此已完成了，可以在測試平臺上執行看看。

● 完整程式碼

```
from binance.um_futures import UMFutures
import logging
from binance.error import ClientError
from binance.lib.utils import config_logging
import pandas as pd
import time
from datetime import datetime
import TA-Lib

# 設定交易對
SYMBOL = 'ETHUSDT'

config_logging(logging, logging.DEBUG)
kline_data = pd.DataFrame()

# 幣安 API 和 API 網址
API_KEY = '4X6X2X9X4X4X1XbX4X5X3X3X5X3X5X4X1X3XfXfXbX1XbX1X4XaXeX9X9X3X0X0X'
SECRET_KEY = '7XcX9X5X8XcXfX7X0X1X5X5X0XeXfXaXfXcXaX1X4XfX1XdX1X5XfXeX6X5XdX1X'
BASE_URL = 'https://testnet.binancefuture.com'
# BASE_URL = 'https://fapi.binance.com'

# 繼承 UMFutures 類別
um_futures_client = UMFutures(key=API_KEY, secret=SECRET_KEY, base_url=
BASE_URL)
```

```python
# 取得 USDT 錢包值
def get_balance(symbol):
    try:
        wallet = 0
        response = um_futures_client.balance(recvWindow=6000)
        logging.info(response)
        for i in range(1, len(response)):
            if response[i].get('asset') == symbol:
                wallet = response[i].get('balance')
                break
        return wallet
    except ClientError as error:
        logging.error(
            "Found error. status: {}, error code: {}, error message: {}".
                format(error.status_code,
                    error.error_code,
                    error.error_message
            )
        )


# 取得 K 線資料
def get_kline(symbol, interval, limit):
    try:
        res = um_futures_client.klines(symbol, interval, limit=limit)
        return res
    except ClientError as Error:
        logging.error(
            "Found error. status: {}, error code: {}, error message: {}".
                format(
                Error.status_code, Error.error_code, Error.error_message
            )
        )
        return 0


# 取得即時價格
def get_price(symbol):
    try:
```

```python
        res = float (um_futures_client.ticker_price(symbol)['price'])
        return res
    except ClientError as Error:
        logging.error(
            "Found error. status: {}, error code: {}, error message: {}".
                format(
                Error.status_code, Error.error_code, Error.error_message
            )
        )
        return 0


# 下單／平單函式
def new_order(symbol, side, quantity):
    try:
        response = um_futures_client.new_order(
            symbol=symbol,
            side=side,
            type="MARKET",
            quantity=quantity
        )
        logging.info(response)
        return response['orderId']
    except ClientError as error:
        logging.error(
            "Found error. status: {}, error code: {}, error message: {}".
                format(
                error.status_code, error.error_code, error.error_message
            )
        )
# 取得訂單內容及回傳成交價格
def get_order(symbol, orderId):
    try:
        response = um_futures_client.get_all_orders(
            symbol=symbol,
            orderId=orderId,
            recvWindow=2000)
        logging.info(response)
        return float(response[0]['avgPrice'])
```

```
        except ClientError as error:
            logging.error(
                "Found error. status: {}, error code: {}, error message: {}".
                    format(
                    error.status_code, error.error_code, error.error_message
                )
            )


# 將單筆資料讀取出來
def read_data(data, i):
    k = float(data.loc[i, 'k'])
    d = float(data.loc[i, 'd'])
    j = float(data.loc[i, 'j'])
    now_atr = float(data.loc[i, 'atr'])
    pre_atr = float(data.loc[i - 1, 'atr'])
    new_price = float(data.loc[i, 'price'])
    pre_price = float(data.loc[i - 1, 'price'])
    return k, d, j, now_atr, pre_atr, new_price, pre_price


# 指標計算
def indicator_cal():
    # 從幣安取得 N 根 K 棒
    ohlcv = pd.DataFrame(get_kline(SYMBOL, '1m', 50),
                        columns=[
                            'timestamp',
                            'open',
                            'high',
                            'low',
                            'close',
                            'volume',
                            'close_time',
                            'quote_av',
                            'trades',
                            'tb_base_av',
                            'tb_quote_av',
                            'ignore'])

    # 計算出 K、D、J 值
```

```python
    kline_data['date_time'] = ohlcv['timestamp']
    kline_data['k'], kline_data['d'] = TA-Lib.STOCH(
                                    ohlcv['high'],
                                    ohlcv['low'],
                                    ohlcv['close'],
                                    fastk_period=9,
                                    slowk_period=3,
                                    slowd_period=3)
    kline_data['j'] = 3 * kline_data['k'] - 2 * kline_data['d']
    kline_data['price'] = ohlcv['close']

    # 計算 ATR 的值
    kline_data['atr'] = TA-Lib.ATR(
        ohlcv['high'],
        ohlcv['low'],
        ohlcv['close'],
        timeperiod=14)

    k, d, j, now_atr, pre_atr, new_price, pre_price = \
        read_data(kline_data, 48)

    buy_sell = ''

    if (new_price - pre_price) / pre_price > (now_atr - pre_atr) / \
            pre_atr and (now_atr > pre_atr):
        if (j < k) and (k < d) and (j < 40):
            buy_sell = 'BUY'
    elif (pre_price - new_price) / new_price > (pre_atr - now_atr) / \
            now_atr and (now_atr < pre_atr):
        if (j > k) and (k > d) and (j > 60):
            buy_sell = 'SELL'

    return buy_sell, kline_data

# 報告輸出函式
def report_csv():
    return 0
```

```python
if __name__=='__main__':
    # 1. 宣告變數 -- 開單訊息
    # 交易旗標，場上是否存在交易
    trade_flag = False
    # 開單時間
    open_time = ''
    # 開單方向
    direction = ''
    # 開單價格
    open_price = 0.0
    # 2. 宣告變數 -- 資金 / 倉位
    # 初始資金
    start_fin = float(get_balance('USDT'))
    # 倉位管理以 100 為單位，每 100 下 0.01 張
    trade_num = int(start_fin / 100) * 0.01
    # 2. 宣告變數 -- 手續費
    open_fee = 0.0
    close_fee = 0.0
    # 補單次數
    dup_time = 0
    # 獲利延伸
    dup_profit = 1
    # 無限迴圈
    while True:
        new_time = time.time()
        if int(new_time) % 60 == 0:
            old_time = new_time - 60
            print(old_time, new_time)
            break
    while True:
        if not trade_flag:
            new_time = time.time()
            # print(new_time, old_time)
            if new_time - old_time >= 60:
                # 判斷當前方向
                print('start_time = {}'.format(datetime.now()))
                direction, kline_data = indicator_cal()
                print('end_time = {}'.format(datetime.now()))
```

```
            print(datetime.now())
            # print(kline_data)
            if direction != '':
                open_time = datetime.now()
                orderId = new_order(SYMBOL, direction, trade_num)
                open_price = get_order(SYMBOL, orderId)
                trade_flag = True
                open_fee = open_price / 20 * trade_num * 0.0004
                print(' 開單日期：{} 開單價格：{} 開單數量：{} 開單手續費：{}'
                    .format(open_time, open_price, trade_num, open_fee))
            old_time = new_time
    elif trade_flag:
        new_time = time.time()
        if new_time - old_time >= 60:
            # 方向為 BUY 時
            now_price = get_price(SYMBOL)
            new_time = time.time()
            if new_time - old_time >= 60:
                now_direction, kline_data = indicator_cal()
                old_time = new_time
            else:
                now_direction = direction
            if direction == 'BUY':
                if now_price - open_price > 120 * dup_profit:
                    if now_direction == '' or now_direction == 'SELL':
                        orderId = new_order(SYMBOL, 'SELL', trade_num)
                        close_price = get_order(SYMBOL, orderId)
                        close_fee = close_price / 20 * trade_num * 0.0002
                        profit = (close_price - open_price) * trade_num \
                                - open_fee - close_fee
                        open_fee2 = ''
                        dup_time = 0
                        direction = ''
                        open_time = ''
                        open_price = 0.0
                        dup_profit = 1
                        start_fin = float(get_balance('USDT'))
                        trade_num = int(start_fin/100) * 0.01
```

```
                    trade_flag = False
              else:
                    dup_profit += 1
          elif now_price - open_price < -100 * (dup_time+1):
              if dup_time < 2:
                    orderId = new_order(SYMBOL, direction, trade_num*2)
                    temp_price = get_order(SYMBOL, orderId)
                    open_price = (open_price + temp_price * 2) / 3
                    open_fee = open_fee + \
                          (temp_price / 20 * trade_num * 2 * 0.0002)
                    trade_num = trade_num + (trade_num * 2)
                    dup_time = dup_time + 1


          if dup_time >= 2:
              if now_price - open_price > 50 * dup_profit:
                    if now_direction == '' or now_direction == 'SELL':
                          orderId = new_order(SYMBOL, 'SELL', trade_num)
                          close_price = get_order(SYMBOL, orderId)
                          close_fee = close_price/20 * trade_num *
                                                          0.0002
                          profit = (close_price - open_price)*trade_num \
                                      - open_fee - close_fee
                          open_fee2 = ''
                          dup_time = 0
                          direction = ''
                          open_time = ''
                          open_price = 0.0
                          dup_profit = 1
                          start_fin = float(get_balance('USDT'))
                          trade_num = int(start_fin / 100) * 0.01
                          trade_flag = False
                    else:
                          dup_profit += 1

      elif direction == 'SELL':
          if open_price - now_price > 120 * dup_profit:
              if now_direction == '' or now_direction == 'BUY':
                    orderId = new_order(SYMBOL, 'BUY', trade_num)
```

```python
            close_price = get_order(SYMBOL, orderId)
            close_fee = close_price / 20 * trade_num * 0.0002
            profit = (open_price - close_price) * trade_num \
                    - open_fee - close_fee
            dup_time = 0
            direction = ''
            open_time = ''
            open_price = 0.0
            dup_profit = 1
            start_fin = float(get_balance('USDT'))
            trade_num = int(start_fin / 100) * 0.01
            trade_flag = False
    elif open_price - now_price < -100 * (dup_time + 1):
        if dup_time < 2:
            orderId = new_order(SYMBOL, direction, trade_num*2)
            temp_price = get_order(SYMBOL, orderId)
            open_price = (open_price + temp_price * 2) / 3
            open_fee = open_fee + \
                    (temp_price / 20 * trade_num * 2 * 0.0002)
            trade_num = trade_num + (trade_num * 2)
            dup_time = dup_time + 1
    if dup_time >= 2:
        if open_price - now_price > 50 * dup_profit:
            if now_direction == '' or now_direction == 'BUY':
                orderId = new_order(SYMBOL, 'BUY', trade_num)
                close_price = get_order(SYMBOL, orderId)
                close_fee = (close_price/20*trade_num*0.0002)
                profit = ((open_price-close_price)*trade_num) \
                        - open_fee - close_fee
                dup_time = 0
                direction = ''
                open_time = ''
                open_price = 0.0
                start_fin = float(get_balance('USDT'))
                trade_num = int(start_fin / 100) * 0.01
                trade_flag = False
            else:
                dup_profit += 1
```

7/4 結語

　　當測試平臺的測試無誤後，便可把 BASE_URL 的位址更改回「http：//fapi.binance.com」，這樣腳本執行便會是在實單平臺。

　　筆者終於把腳本整個說明完，我已經把壓箱底的技術指標組合寫出來了，希望對有興趣進入合約量化領域的人有所幫助。筆者雖然寫了快 30 年的程式，但後期只做產品、遊戲企劃及規劃而已，很少提起興趣好好去寫作。而因緣際會接觸了合約，發現做好倉位管理及具備不急不躁的心是能夠盈利的，但盯盤是件很痛苦的事，也找了幾個量化交易的程式，卻發現要不就是收費，要不就是技術指標不夠好，最終動了自己寫腳本的念頭。

　　有流程觀念，則寫作很快，但指標測試很痛苦，先前的環境沒有測試平臺，所以都是實單測試，有盈有虧，一路走來真的是遇坑不少。在換到幣安後，相對坑比較少了，成效也比先前好了，不過這裡要提醒讀者：本書的指標組合是筆者嘗試數月的結果，但未來是否適用不得而知，市場是莊，投資者是閒，莊家要如何出牌，不得而知，而閒家要能勝過莊家，就得看莊家出什麼牌而有所因應，也就是指標的替換是每執行一階段後要調整的。

　　書中程式碼以 10,000 或測試平臺的 15,000 為說明，但記住程式碼中有提到以 100 為單位，每 100 USDT 為 0.01 張 ETH，所以讀者可以試一下最低資金可以是多少。

　　以下附上筆者先前寫的回測腳本程式碼：

```
from binance.um_futures import UMFutures
import logging
from binance.error import ClientError
# from binance.lib.utils import config_logging
import pandas as pd
import time
from datetime import datetime
import TA-Lib
import csv
```

```python
import os

column = [
    'open_time',
    'open',
    'high',
    'low',
    'close',
    'VOL',
    'close_time',
    'trade_vol',
    'trade_num',
    'Buy_Trade',
    'sell_trade',
    'nothing']


FinBase = 10000
INTERVAL = '1d'
START_KLINE = '2019-01-01 0: 0: 0.0'

binsizes = {
    "1m" : 60,
    "5m" : 300,
    "15m" : 900,
    "30m" : 1800,
    "1h" : 3600,
    "2h" : 7200,
    "4h" : 14400,
    "6h" : 21600,
    "8h" : 28800,
    "1d" : 86400}


def get_kline(symbol, interval, start_time, end_time, limit):
    try:
        res = UMFutures().klines(
            symbol,
            interval,
            starttime=start_time,
```

```
                endtime=end_time,
            limit=limit)
        return res
    except ClientError as Error:
        logging.error(
            "Found error. status: {}, error code: {}, error message: {}".
                format(
                Error.status_code, Error.error_code, Error.error_message
            )
        )
        return 0


def get_history_klines(sizes, limit):
    finish_time = cal_timestamp(str(datetime.now()))
    start_time = cal_timestamp(START_KLINE)
    end_time = start_time + (binsizes.get(sizes) * limit * 1000)
    a = pd.DataFrame(get_kline(
                        'ETHUSDT',
                        sizes,
                        start_time,
                        end_time,
                        limit),
                        columns=column)
    start_time = end_time
    while start_time < finish_time:
        end_time = start_time + (binsizes.get(sizes)*limit*1000)
        b = pd.DataFrame(get_kline(
                            'ETHUSDT',
                            sizes,
                            start_time,
                            end_time,
                            limit),
                            columns=column)
        a = pd.concat([a, b], ignore_index=True)
        start_time = end_time
    a.drop_duplicates(
        keep='first',
        inplace=False,
```

```
                 ignore_index=True)
    a['open_time] = pd.to_datetime(a['open_time'], unit='ms')
    a['close_time'] = pd.to_datetime(a['close_time'], unit='ms')
    return a


def cal_timestamp(stamp):
    datetime_obj = datetime.strptime(
                    stamp,
                    '%Y-%m-%d %H: %M: %S.%f')
    start_time = int(time.mktime(
                    datetime_obj.timetuple())*1000.0 +
                    datetime_obj.microsecond / 1000.0)
    return start_time


# 將單筆資料讀取出來
def read_data(kline_data, i):
    k = float(kline_data.loc[i, 'k'])
    d = float(kline_data.loc[i, 'd'])
    j = float(kline_data.loc[i, 'j'])
    now_atr = float(kline_data.loc[i, 'atr'])
    pre_atr = float(kline_data.loc[i - 1, 'atr'])
    new_price = float(kline_data.loc[i, 'price'])
    pre_price = float(kline_data.loc[i - 1, 'price'])
    return k, d, j, now_atr, pre_atr, new_price, pre_price


# 提前計算 buy 或 Sell 的訊號
def PreInit():
    # 讀取 K 棒資料
    ohlcv = get_history_klines(INTERVAL, 1500)
    # 宣告一個空的 DataFrame
    kline_data = pd.DataFrame()
    # 將當前時間存入 data 中
    kline_data['date_time'] = ohlcv['open_time']
    # 計算 KDJ/BOLL 值，並存入 data 中
    kline_data['k'], kline_data['d'] = TA-Lib.STOCH(
        ohlcv['high'],
        ohlcv['low'],
        ohlcv['close'],
```

```
        fastk_period=9,
        slowk_period=3,
        slowd_period=3)
    kline_data['j'] = 3 * kline_data['k'] - 2 * kline_data['d']
    # 設定 buy_sell 欄位為空值
    kline_data['buy_sell'] = ''
    # 寫入收盤價
    kline_data['price'] = ohlcv['close']
    kline_data['atr'] = TA-Lib.ATR(
        ohlcv['high'],
        ohlcv['low'],
        ohlcv['close'], timeperiod=14)

    for i in range(1, len(kline_data)):
        k, d, j, now_atr, pre_atr, new_price, pre_price = \
            read_data(kline_data, i)
        if (new_price - pre_price) / pre_price > (now_atr - pre_atr) \
                / pre_atr and (now_atr > pre_atr):
            if (j < k) and (k < d) and (j < 40):
                kline_data.loc[i, 'buy_sell'] = 'BUY'
        elif (pre_price - new_price) / new_price > (pre_atr - now_atr) \
                / now_atr and (now_atr < pre_atr):
            if (j > k) and (k > d) and (j > 60):
                kline_data.loc[i, 'buy_sell'] = 'SELL'


    # 回傳資料
    return kline_data



# 寫 report.csv 檔
def report_csv(i, trade_flag, open_time, direction, open_price, close_time,
               close_price, trade_num, profit, open_fee, close_fee):
    report_data = [i, trade_flag, open_time, direction, open_price, close_time,
                   close_price, trade_num, profit, open_fee, close_fee]
    filename = r'.\report.csv'
    f = open(filename, 'a', newline='')
    csv_writer = csv.writer(f, dialect='excel')
    csv_writer.writerow(report_data)
```

```python
# 回測函式
def back_test(kline_data):
    # 交易旗標
    trade_flag = False
    # 開單時間
    open_time = ''
    # 開單方向
    direction = ''
    # 開單價格
    open_price = 0.0
    # 初始資金
    start_fin = FinBase
    # 每次下單張數 100 為單位，每 100 下 0.01 張
    trade_num = int(start_fin/100) * 0.01
    # 補單次數
    dup_time = 0
    # 獲利延伸
    dup_profit = 1
    open_fee = 0.0
    close_fee = 0.0
    # 判斷 report.csv 和 data.csv 是否存在，存在便刪除
    if os.path.isfile('report.csv'):
        os.remove('report.csv')
    if os.path.isfile('data.csv'):
        os.remove('data.csv')
    # 將整理好的資料寫入 data.csv 可用做比對資料用
    kline_data.to_csv('data.csv')
    # 逐筆取出 buy_sell 訊號，並進行買入及平單模擬記錄
    for i in range(0, len(kline_data)):
        # 未開單的情況
        if not trade_flag:
            # 當 direction 為 none，且 buy_sell 不為 0 時，依 buy_sell 進行買入設定
            if direction == '':
                if kline_data.loc[i, 'buy_sell'] != '':
                    open_time = kline_data.loc[i, 'date_time']
                    open_price = float(kline_data.loc[i, 'price'])
```

```python
                direction = kline_data.loc[i, 'buy_sell']
                trade_flag = True
                open_fee = float(kline_data.loc[i, 'price'])/20*trade_
                    num*0.0004
                report_csv(
                i,
                trade_flag,
                open_time,
                direction,
                open_price,
                '',
                '',
                trade_num,
                '',
                open_fee,
                '')
# 開單時
if trade_flag:
    # 方向為 BUY 時
    if direction == 'BUY':
        if float(kline_data.loc[i, 'price']) - open_price > \
                120*dup_profit:
            if (kline_data.loc[i, 'buy_sell'] == '') or \
                (kline_data.loc[i, 'buy_sell'] == 'SELL'):
                close_fee = (float(kline_data.loc[i,
                    'price'])/20*trade_num/100)
                profit = ((float(kline_data.loc[i, 'price']) -
                    open_price) * trade_num) - open_fee - close_fee
                report_csv(
                    i,
                    trade_flag,
                    open_time,
                    direction,
                    open_price,
                    kline_data.loc[i, 'date_time'],
                    kline_data.loc[i, 'price'],
                    trade_num,
                    profit,
```

```
                    open_fee,
                    '')
            dup_time = 0
            direction = ''
            open_time = ''
            open_price = 0.0
            dup_profit = 1
            start_fin = start_fin + profit
            trade_num = int(start_fin/100) * 0.01
            trade_flag = False
        else:
            dup_profit += 1
    elif float(kline_data.loc[i, 'price']) - open_price < \
        -100 * (dup_time+1):
        if dup_time < 2:
            open_price = (open_price + float(kline_data.loc[i, \
                'price']) * 2) / 3
            open_fee = open_fee + (float(kline_data.loc[i, \
                'price']) / 20 * trade_num * 2 / 100)
            report_csv(
                i,
                trade_flag,
                kline_data.loc[i, 'date_time'],
                direction,
                open_price,
                '',
                '',
                trade_num * 2,
                '',
                open_fee,
                '')
            trade_num = trade_num + (trade_num * 2)
            dup_time = dup_time + 1
if dup_time >= 2:
    if float(kline_data.loc[i, 'price']) - open_price > 50 *
        dup_profit:
        if kline_data.loc[i, 'buy_sell'] == '' or
            kline_data.loc[i, 'buy_sell'] == 'SELL':
```

```
                                close_fee = (float(kline_data.loc[i, 'price']) / 20
                                    * trade_num / 100)
                                profit = (float(kline_data.loc[i, 'price']) -
                                    open_price) * trade_num - open_fee - close_fee
                                report_csv(
                                    i,
                                    trade_flag,
                                    open_time,
                                    direction,
                                    open_price,
                                    kline_data.loc[i, 'date_time'],
                                    kline_data.loc[i, 'price'],
                                    trade_num,
                                    profit,
                                    '',
                                    close_fee)
                                dup_time = 0
                                direction = ''
                                open_time = ''
                                open_price = 0.0
                                dup_profit = 1
                                start_fin = start_fin + profit
                                trade_num = int(start_fin / 100) * 0.01
                                trade_flag = False
                            else:
                                dup_profit += 1
                elif direction == 'SELL':
                    if open_price - float(kline_data.loc[i, 'price']) > 120 *
                        dup_profit:
                        if kline_data.loc[i, 'buy_sell'] == '' or kline_data.
                            loc[i, 'buy_sell'] == 'BUY':
                            close_fee = (float(kline_data.loc[i, 'price']) / 20 *
                                trade_num / 100)
                            profit = (open_price - float(kline_data.loc[i,
                                'price'])) * trade_num - open_fee - close_fee
                            report_csv(
                                i,
                                trade_flag,
```

```
                    open_time,
                    direction,
                    open_price,
                    kline_data.loc[i, 'date_time'],
                    kline_data.loc[i, 'price'],
                    trade_num, profit,
                    '',
                    close_fee)
                dup_time = 0
                direction = ''
                open_time = ''
                open_price = 0.0
                dup_profit = 1
                start_fin = start_fin + profit
                trade_num = int(start_fin / 100) * 0.01
                trade_flag = False
            elif open_price - float(kline_data.loc[i, 'price']) < -100 *
                (dup_time+1):
                if dup_time < 2:
                    open_price = (open_price + float(kline_data.loc[i,
                        'price']) * 2) / 3
                    open_fee = open_fee + (float(kline_data.loc[i,
                        'price']) / 20 * trade_num * 2 / 100)
                    report_csv(i, trade_flag, kline_data.loc[i,
                            'date_time'], direction, open_price, '',
                            '', trade_num * 2, '', open_fee, '')
                    trade_num = trade_num + (trade_num * 2)
                    dup_time = dup_time + 1
        if dup_time >= 2:
            if open_price - float(kline_data.loc[i, 'price']) > 50 *
                dup_profit:
                if kline_data.loc[i, 'buy_sell'] == '' or
                    kline_data.loc[i, 'buy_sell'] == 'BUY':
                    close_fee = (float(kline_data.loc[i, 'price']) / 20
                        * trade_num / 100)
                    profit = ((open_price - float(kline_data.loc[i,
                        'price'])) * trade_num) - open_fee - close_fee
                    report_csv(i, trade_flag, open_time, direction,
```

```
                                open_price, kline_data.loc[i, 'date_time'],
                                kline_data.loc[i, 'price'],
                                trade_num, profit, '', close_fee)
                        dup_time = 0
                        direction = ''
                        open_time = ''
                        open_price = 0.0
                        start_fin = start_fin + profit
                        trade_num = int(start_fin / 100) * 0.01
                        trade_flag = False
                    else:
                        dup_profit += 1
    print('錢包總額：', start_fin)
    print('總盈利：', start_fin - FinBase)


if __name__ == '__main__':
    start_time = datetime.now()
    print(start_time)
    # print(datetime.now())
    data = PreInit()
    back_test(data)
    end_time = datetime.now()
    print('總筆數：', len(data))
    print('回測總耗時：', end_time - start_time)
    print(start_time, datetime.now())
```

上面是筆者之前編寫的回測程式程式碼，有些變數命名和書中有些不同，畢竟是早期編寫的，第 26-28 行是測試條件修改的地方：

```
FinBase = 10000
INTERVAL = '1m'
START_KLINE = '2022-01-01 0:0:0.0'
```

參數名稱	說明
FinBase	初始資金。
INTERVAL	K 線讀取週期，1m = 1 分鐘，1d = 1 天。
START_KLINE	K 線回測的起始時間。

　　要從第一筆 K 棒讀到當前時間，耗時會滿久的，因為資料量太大了，所以筆者測試 1 分鐘資料時，取的是筆者實單開始跑的時間，也就是 2022-01-01 0:0:0.0，執行結果如圖 7-12 所示。

```
D:\futures_exam\Scripts\python.exe D:/stock/backtest.py
2022-11-12 22:15:03.271764
錢包總額: 64337.785768839996
總盈利: 54337.785768839996
總筆數: 454937
回測總耗時: 0:03:13.924387
2022-11-12 22:15:03.271764 2022-11-12 22:18:17.197114
```

∩ 圖 7-12　回測腳本執行結果

　　從結果中分析，由 2022-01-01 0:0:0.0 開始到當下 2022-11-12 22:15:03，共有 454,937 筆資料，經過讀取 K 棒、指標計算、判斷到計算盈虧及產生報表，耗時大約為 3 分鐘，而初始資金為 10,000，經過回測後的錢包總額來到 64,337，也就是盈利 54,337，約為 543.37% 的盈利，輸出報表在專案目錄裡。

📊 report.csv	2022/11/12 下午 10:18	Microsoft Excel 逗...	18 KB

∩ 圖 7-13　回測報表

	C	D	E	F	G	H	I	J	K
1	2021/12/31 21:38	SELL	3691.6			1		0.073832	
2	2022/1/2 16:33	SELL	3760.973333			2		3.869492	
3	2021/12/31 21:38	SELL	3760.973333	2022/1/5 20:04	3633.55	3	372.950183		5.450325
4	2022/1/6 10:58	BUY	3354.65			1.03		0.06910579	
5	2022/1/7 03:42	BUY	3270.936667			2.06		3.39505819	
6	2022/1/7 15:52	BUY	3132.572222			6.18		12.86093329	
7	2022/1/6 10:58	BUY	3132.572222	2022/1/7 16:39	3182.69	9.27	436.9790986		14.75176815
8	2022/1/7 20:21	SELL	3192.8			1.08		0.06896448	
9	2022/1/7 20:21	SELL	3192.8	2022/1/8 17:50	3068.24	1.08	132.7989859		1.6568496
10	2022/1/9 04:17	SELL	3123.52			1.09		0.068092736	
11	2022/1/9 04:17	SELL	3123.52	2022/1/10 14:11	3001.22	1.09	131.6032424		1.6356649
12	2022/1/10 23:37	BUY	3075.46			1.1		0.06766012	
13	2022/1/10 23:37	BUY	3075.46	2022/1/11 16:29	3198.77	1.1	133.8140164	0.06766012	
14	2022/1/12 01:14	BUY	3232.55			1.12		0.07240912	

∩ 圖 7-14　報表內容

15	2022/1/12 01:14 BUY	3232.55	2022/1/12 13:41	3354.42	1.12	134.5435157	0.07240912	
16	2022/1/13 20:54 SELL	3258.08			1.13		0.073632608	
17	2022/1/15 15:42 SELL	3326.16			2.26		3.870658608	
18	2022/1/13 20:54 SELL	3326.16	2022/1/17 17:28	3205.89	3.39	398.4106578		5.43398355
19	2022/1/18 04:42 SELL	3177.6			1.17		0.07435584	
20	2022/1/18 04:42 SELL	3177.6	2022/1/19 07:25	3057.52	1.17	138.630595		1.7886492
21	2022/1/19 15:30 BUY	3138.87			1.18		0.074077332	
22	2022/1/19 15:30 BUY	3138.87	2022/1/20 15:59	3260.67	1.18	141.7261274	0.074077332	
23	2022/1/21 00:06 SELL	2985.28			1.2		0.07164672	
24	2022/1/21 00:06 SELL	2985.28	2022/1/21 03:11	2863.96	1.2	143.7939773		1.718376
25	2022/1/21 03:19 SELL	2862.56			1.21		0.069273952	
26	2022/1/21 03:19 SELL	2862.56	2022/1/21 12:39	2736.75	1.21	150.5050923		1.65573375
27	2022/1/22 00:42 BUY	2613.81			1.23		0.064299726	
28	2022/1/22 05:42 BUY	2545.31			2.46		3.152903526	
29	2022/1/22 10:08 BUY	2405.083333			7.38		11.76894283	
30	2022/1/22 00:42 BUY	2405.083333	2022/1/22 10:34	2457.33	11.07	553.0003356		13.60132155

◑ 圖 7-14　報表內容（續）

第一欄位為回測資料 index，第三欄位為開單日期，接著為方向、開單價格、平單日期、平單價格、開單數量、收益值、開單手續費以及平單手續費，沒有平單日期、平單價格的列是因為補單緣故，在此對報表做個說明。

真的到最後了，這是一個簡單的合約腳本教學，簡單嗎？沒有 UI 介面，單純的腳本執行，我想是非常簡陋吧，最近筆者在研究 LineBot，如果把合約和 LineBot 做結合不知會是什麼效果，希望還有機會進行進階版的說明。

最後，再次提醒：「投資有風險，入場需謹慎，世事無絕對，理論為基礎」。

ME/MO